LÉGISLATION

DES

CÉRÉALES

PARIS. — IMPRIMERIE DE CH. LAHURE ET Cⁱᵉ
Rues de Fleurus, 9, et de l'Ouest, 21

LÉGISLATION

DES

CÉRÉALES

LES COMICES AGRICOLES ET LE CONSEIL D'ÉTAT

PAR M. LE COMTE DE TRAMECOURT

PARIS

IMPRIMERIE DE CH. LAHURE ET Cie
RUE DE FLEURUS, 9

1860

AVANT-PROPOS.

Au moment où, suivant le vœu de toute l'Agriculture française, la loi dite de l'échelle mobile doit être nécessairement l'objet d'une révision, et où chacun attend la présentation au Corps législatif du projet élaboré l'année dernière au sein du conseil d'État, avec tant de soin et à la suite d'une enquête solennelle, il m'a paru intéressant de rechercher, parmi les vœux divers formulés par les comices agricoles, ceux qui avaient été le plus généralement reproduits et qui restaient, par conséquent, l'expression de l'opinion publique. La pensée peut s'en résumer ainsi : maintenir le principe de la protection par le droit variable, corriger toutes les imperfections de détail, et enlever ainsi aux prétendus économistes les arguments en apparence spécieux qu'ils ont invoqués contre une loi dont le maintien importe à la prospérité de la France.

Afin de mieux coordonner ces vœux, d'en mieux préciser l'esprit, je les ai réunis dans un cadre auquel j'ai donné la forme d'un projet de loi. D'ailleurs, le temps est venu de faire descendre cette grave question du domaine de la théorie dans celui de la pratique : les plus belles considérations sont sans valeur si on n'augure pas bien de leur application.

Pour moi, si j'ai réussi à provoquer les observations de mes amis, les critiques de mes adversaires, j'aurai atteint le principal but que je me propose : de la discussion jaillit souvent la lumière, et l'honnête homme, dans sa recherche, poursuit toujours la vérité.

PROJET DE LOI

PROJET DE LOI.

I

Les départements frontières de la France sont divisés en deux classes pour la perception des droits de douane, tant à l'entrée qu'à la sortie, sur le blé-froment, le seigle, le maïs, le sarrasin et leur farine, aussi bien que sur l'orge et sur l'avoine.

La première classe comprend les départements de la Haute-Garonne, de l'Ariége, des Pyrénées orientales, de l'Aude, de l'Hérault, du Gard, des Bouches-du-Rhône, du Var, des Alpes maritimes, des Basses-Alpes, des Hautes-Alpes, du Mont-Blanc, de la Corse et de l'Algérie.

La deuxième classe comprend tous les autres départements frontières de la France.

II

Il est perçu un droit de 25 centimes à l'importation par hectolitre de blé, de maïs et de sarrasin, tant que le prix moyen du blé est au-dessus de 25 fr. l'hectolitre dans la première classe, et de 22 francs dans la seconde.

Lorsque le prix est descendu au taux de 25 francs l'hectolitre dans la première classe, et de 22 francs l'hectolitre dans la seconde, il est perçu un droit de 1 franc à l'importation sur l'hectolitre de blé, et de 50 centimes sur l'hectolitre de seigle, de maïs et de sarrasin, et cette surtaxe s'augmente par chaque franc de baisse de 1 franc l'hectolitre pour le blé, et de 50 centimes pour les autres grains.

Les farines sont assujetties à l'importation, et par quintal métrique, à un droit double de celui fixé pour l'hectolitre de grain.

La surtaxe sur les importations par navires étrangers est fixée à 1 franc 25 centimes par hectolitre de blé, et à 75 centimes pour les autres grains.

Cette surtaxe, par quintal métrique de farine est portée au double de celle fixée pour l'hectolitre de grains.

Elle cesse d'être perçue lorsque le prix moyen du blé est supérieur à 25 francs l'hectolitre dans la première classe, à 22 francs l'hectolitre dans la seconde.

III

Les droits à l'exportation sur le blé-froment, le seigle, le maïs et le sarrasin sont établis de la manière suivante :

Il est perçu à l'exportation un droit de 25 centimes par hectolitre de blé, de seigle, de maïs et de sarrasin, lorsque le prix moyen du blé-froment ne dépasse pas 26 francs dans la première classe, et 23 francs dans la seconde classe.

Lorsque le prix est supérieur à 26 francs l'hectolitre dans la première classe et à 23 francs l'hectolitre dans la seconde classe, ce droit est porté à 2 francs par hectolitre de blé, à 1 franc par hectolitre de seigle, de maïs et de sarrasin, et s'augmente pour le blé de 2 francs par hectolitre, et de 1 franc par hectolitre pour le seigle, le maïs et le sarrasin.

Les farines sont assujetties à l'exportation, et par quintal métrique, à un droit double de celui fixé par hectolitre de grain.

IV

Le prix moyen du blé-froment qui doit servir de base à la perception des droits est établi tous les mois pour chaque classe.

Le prix régulateur devra être fixé sur le cours de tous les marchés importants des départements frontières désignés ci-dessus. Ces marchés seront au moins au nombre de 10 pour la première classe, et de 30 pour la seconde.

V

La faculté de recevoir des grains étrangers en entrepôt fictif est maintenue; la réexportation des grains entreposés ne pourra, dans aucun cas, être gênée ni interdite.

VI

L'orge et l'avoine payeront à l'entrée comme à la sortie un droit permanent de 25 centimes l'hectolitre qui sera converti en un droit de 2 francs à l'entrée lorsque la première sera descendue au cours de 10 francs et la seconde au cours de 8 francs.

Lorsque l'avoine aura dépassé le cours de 10 francs, l'orge celui de 12, il sera perçu à la sortie un droit de 3 francs par hectolitre de grain.

La surtaxe à l'importation par navires étrangers pour l'orge et l'avoine sera de 75 centimes par hectolitre; elle cessera d'être perçue au cours de 10 francs pour l'avoine et de 12 francs pour l'orge.

Le cours régulateur de l'orge et de l'avoine sera

établi tous les mois d'après la mercuriale des marchés qui auront servi à établir celui du blé - froment[1].

1. Si la nouvelle législation prenait le quintal métrique pour base de la réglementation des cours, les droits, en raison du poids et des chiffres posés ci-dessus, seraient dans la proportion suivante :

Le blé au poids moyen de 75 kilogrammes :

L'HECTOLITRE.		LE QUINTAL.	
fr.	c.	fr.	c.
»	25	»	33
1	»	1	32
2	»	2	63

Le seigle et le maïs au poids moyen de 70 kilogrammes :

L'HECTOLITRE.		LE QUINTAL.	
fr.	c.	fr.	c.
»	25	»	35
»	50	»	71
1	»	1	42

Le sarrasin au poids moyen de 66 kilogrammes :

L'HECTOLITRE.		LE QUINTAL.	
fr.	c.	fr.	c.
»	25	»	38
»	50	»	76
1	»	1	52

L'orge au poids moyen de 64 kilogrammes :

L'HECTOLITRE.		LE QUINTAL.	
fr.	c.	fr.	c.
»	25	»	39
2	»	3	12
3	»	4	68

L'avoine au poids moyen de 50 kilogrammes :

L'HECTOLITRE.		LE QUINTAL.	
fr.	c.	fr.	c.
»	25	»	50
2	»	4	»
3	»	6	»

  PROJET DE LOI.

TABLEAU INDICATEUR.

1re CLASSE.	2e CLASSE.	BLÉ.		SARRASIN par quintal.		SEIGLE.		MAÏS.		SARRASIN.		FARINES de seigle, maïs et sarrasin.	
		Entrée.	Sortie.	Entrée.	Sortie.	Entrée.	Sortie.	Entrée.	Sortie.	Entrée.	Sortie.	Entrée.	Sortie.
fr. fr. c.	fr. fr. c.	fr. c.	fr. c.	fr. c.	fr. c.	fr. c.	fr. c.	fr. c.	fr. c.	fr. c.	fr. c.	fr. c.	fr. c.
27 à 26 01	24 à 23 01	» 25	2 »	» 50	4 »	» 25	1 »	» 25	1 »	» 25	1 »	» 50	2 »
26 à 25 01	23 à 22 01	» 25	» 25	» 50	» 50	» 25	» 25	» 25	» 25	» 25	» 25	» 50	» 50
25 à 24 01	22 à 21 01	1 »	» 25	2 »	» 50	» 50	» 25	» 50	» 25	» 50	» 25	1 »	» 50

Au-dessus des limites supérieures du tableau ci-contre les droits à l'exportation augmentent par chaque franc de hausse comme suit :

Le blé, 2 francs l'hectolitre ;
Sa farine, 4 francs le quintal ;
Le seigle, le maïs et le sarrasin, 1 franc ;
Leur farine, 2 francs le quintal.

Au-dessous des limites inférieures du tableau ci-contre, les droits à l'importation augmentent comme suit par chaque franc de baisse dans le cours régulateur :

Le blé, 1 franc l'hectolitre ;
Sa farine, 2 francs le quintal ;
Le seigle, le maïs et le sarrasin, 50 centimes ;
Leur farine, 1 franc le quintal métrique.

DÉVELOPPEMENTS

DÉVELOPPEMENTS.

I

On est généralement d'avis que la division de la France en quatre zones est une superfétation, que la division en deux zones est préférable, et cette unanimité me dispense ici de toute discussion comme de toute explication à cet égard.

II

Quelques personnes ont pensé que le blé étant la production la plus importante de notre agriculture, il suffisait de le réglementer dans la forme adoptée pour l'échelle mobile, qu'on pouvait, en ce qui concerne les autres grains, se laisser aller au courant des idées nouvelles et essayer pour eux les doctrines du libre-échange. Chose étrange ! Ceux qui émettaient cette opinion, se disaient partisans de la protection, et ne s'apercevaient pas que sacrifier le principe sur un seul point, c'était l'amoindrir et le compromettre ; ils avaient perdu de vue que les menus grains se produisent surtout dans les pays peu favorisés par la nature du sol, que là ils sont dans tous les temps la nourriture habituelle, la nourriture principale ; que protéger le blé au profit des contrées fertiles et abandonner sans retour les terres infécondes, c'était une anomalie et une injustice.

Ce n'est pas d'ailleurs à ce seul point de vue que la mesure serait mauvaise, et cette question, d'une si mince valeur en apparence, prend des proportions de la plus haute gravité dans les moments de crise où les grains inférieurs sont d'un si puissant secours.

Or, si vous avez adopté le libre-échange, dans un moment de disette que ferez-vous ? Conséquent avec vous-même, malgré la détresse publique et les clameurs d'un peuple qui se voit ravir sa dernière ressource, laisserez-vous exporter sans droit une denrée alors si utile à conserver ? et en supposant que vous le vouliez, le pourrez-vous ? Ou bien reniant des principes si pompeusement émis, et invoquant la nécessité, aurez-vous recours à des mesures exceptionnelles ? frapperez-vous ces grains d'un droit élevé à l'exportation ? interdirez-vous même leur sortie ? Mais ce serait une énormité. Vous souffririez que la culture restât sans protection dans les bas cours, et vous ne lui permettriez pas de profiter des cours élevés ! Ainsi le libre-échange se trouverait placé entre une inhumanité d'une part et une anomalie de l'autre, et cette raison, qui est la raison souveraine de l'échelle mobile, ne sera jamais impunément méconnue.

Il n'est donc pas étrange, il est essentiel, au contraire, que le seigle, le maïs et le sarrasin soient assimilés au blé, parce que comme lui ils sont employés à la nourriture de l'homme ; c'est ce que tous les gouvernements ont compris lorsqu'ils ont appliqué aux menus grains, dans les moments de cherté, toutes les mesures qu'ils avaient adoptées pour le froment, témoin l'ordonnance du 3 août 1815, du 28 janvier 1847 et le décret du 26 octobre 1854, qui en interdit l'emploi dans les distilleries. Pourquoi alors certains esprits inquiets se sont-ils élevés avec tant d'emportement contre cette assimilation, et ont-ils trouvé si singulier que le cours régulateur du blé fût appelé à déterminer le droit des autres céréales ?

Voici la réponse de M. Dupin aîné, procureur général à la Cour de cassation, sénateur :

« Il y a des gens fort habiles : quand ils ne peuvent pas obtenir le tout, ils cherchent à obtenir partie pour faire au moins brèche. Ce sont les plus habiles adversaires de l'échelle mobile qui ont vu ce que leur proposition avait de trop absolu, et ils ont demandé au moins qu'on appliquât leur procédé de liberté aux denrées alimentaires autres que le froment.

« Ils n'ont pas réfléchi sur la manière dont le menu peuple se nourrit dans les campagnes. En fait d'alimentation, on prend ce qu'on peut, ce qu'on trouve. Quand une ville est assiégée, on mange jusqu'aux animaux les plus immondes; quand le froment est trop cher, on mange du seigle, de l'avoine, du maïs, des espèces inférieures, parce qu'il faut manger. Si vous ne mettez l'échelle mobile que sur les grains de froment, qui sont la nourriture des gens riches et des ouvriers des villes qui ont les plus hauts salaires, et auxquels cependant on s'efforce de donner le pain à bon marché, vous rendez pire la condition du peuple en masse; vous appelez la spéculation sur les grains inférieurs, qui font sa nourriture ordinaire. Quand, il y a quelque temps, on a levé les droits sur le maïs, les Anglais se sont jetés dessus. Qu'est-il arrivé? Le peuple s'est ému; les préfets eux-mêmes ont écrit que le peuple ne laisserait plus sortir le maïs; le gouvernement a eu la main forcée, il a été obligé de changer la mesure. » (*Déposition devant le conseil d'État.*)

Je n'entre pas dans de longs détails sur les prix de taxe applicables au seigle, au maïs et au sarrasin ; je crois qu'en général, ils sont en rapport avec celui du blé tant comme rendement en farine que comme importance relativement comparée à celle du froment. Je ne dissimule pas qu'il eût été plus juste d'attribuer un droit plus exactement proportionné à la valeur de chacune de ces denrées ; mais j'ai été spécialement préoccupé par cette pensée d'éviter les détails et les complications trop reprochés, il faut le dire, à la loi actuelle.

Les théoriciens avaient pensé (et cette opinion a rencontré de nombreux partisans) qu'il était juste que le prix de revient servît de base à l'application du principe de la protection, parce que, si l'un était connu, il serait facile de déterminer le chiffre qu'il conviendrait de consacrer à l'autre ; rien de plus simple en apparence. Le blé, dans toute la France, ayant coûté au cultivateur 20 francs l'hectolitre, je suppose, il sera tout naturel de chercher à lui assurer une rémunération de 2, 3 ou 4 francs l'hectolitre, suivant le degré de protection que le législateur jugera à propos de lui accorder ; mais cette idée, trop ab-

solue, trop abstraite devait succomber devant la solennelle épreuve de l'enquête au Conseil d'État. Ainsi
c'était un point généralement admis, qui avait presque la valeur d'un principe, que le prix de revient
du blé était en moyenne de 20 francs, et c'est encore
ce qu'a reconnu, avec une loyauté dont il faut lui
tenir compte, notre plus ardent adversaire, M. Pommier [1], lorsque, passant outre, il néglige d'établir un
prix de revient. Or, ce même prix de 20 francs s'élève
dans l'enquête à 21 francs 66 centimes [2] ici (car je ne
veux pas tenir compte des cours naturellement plus
élevés du midi), et retombe à 11 francs 65 centimes là.
Pour arriver à cette démonstration tant désirée, trop
d'éléments contraires sont en présence ; suivant les
accidents météorologiques, les méthodes et les différences de sol, comme suivant le cours des intérêts, des
instincts, des opinions, les résultats seront opposés,
et lors même qu'ils ne seraient pas contestés, il resterait encore la difficulté d'établir pour tout un pays
une moyenne exacte sur des données de leur nature
si dissemblables, si variées.

Il faut bien que je le remarque pourtant : ce prix
de 11 francs 65 centimes est originaire de la Moselle

1. En France, on admet généralement que le prix de revient est
de 20 francs ; mais nous connaissons des établissements où on ne
l'estime pas à plus de 15 francs, d'autres où on le porte à 16 francs,
d'autres encore où il ressort à 17, 18 et 19 francs. Il est très-difficile
de savoir la vérité. (*Enquête devant le conseil d'État ; déposition de
M. Pommier.*)

2. Baron de Béville (Seine-et-Marne).

et ressort d'un rendement de 12 hectolitres par hectare [1]. Or, sur cette importante question si vous
consultez le comice agricole de Lille, dont nul ne
peut récuser les lumières, puisqu'il est le guide de
cette belle culture du Nord qui n'a pas d'égale en
France, il vous répondra par un chiffre de produit
qui ne sera pas moindre de 25 hectolitres l'hectare;
et se plaindra que le prix moyen de 20 francs soit
à peine rémunérateur [2], et de ces deux allégations
opposées certaines personnes pourront tirer cette
déduction plaisante (car je ne veux pas la nommer
dangereuse), que les mauvaises méthodes et les faibles
rendements qui en résultent doivent être préférés et
aux bonnes méthodes et aux rendements élevés,
puisqu'ainsi les frais sont moins grands et les bénéfices plus certains. Pour moi, je me contente d'en
tirer cette déduction évidente : que le terrain se
trouve débarrassé d'un élément incommode et vi-
cieux, puisqu'il a pour but une recherche impossible, et je prie Dieu qu'il nous délivre bientôt
aussi, et de cette phraséologie exubérante de chiffres
qui entraînent à leur suite une foule de raisonnements contraires, et de cet antagonisme prétendu entre le producteur et le consommateur,
moyens usés, rebattus, dont il a été fait justice [3],

1. Suivant l'auteur, le prix de revient sur 16 hectolitres par hectare se serait abaissé à 8 francs en 1858.

2. Première séance du mois de fevrier 1860.

3. M. Moll, Société centrale d'agriculture

et dont deux ou trois économistes font encore usage [1].

Mais puisqu'il a été question du prix de revient, je ne puis résister au plaisir de citer une partie de la déposition de M. Demesmay. M. Demesmay ne croit pas plus que moi à la possibilité d'établir exactement un prix de revient, mais sa méthode accuse un travail sérieux, un esprit droit et élevé. Je ne puis donc passer outre sans donner un extrait de cette déposition, espérant que si l'on veut se livrer de nouveau à la recherche de cette autre pierre philosophale, on aura recours au procédé de M. Demesmay ; il est simple et il repose sur des documents officiels, authentiques ; chez lui la recherche d'un

---

1. J'en veux beaucoup aux économistes d'avoir fait une différence entre les consommateurs et les producteurs. Il y a en France 25 millions de producteurs agricoles ; croit-on qu'ils ne soient pas aussi consommateurs, tant des produits des autres industries que de la leur propre ? Cette distinction est dangereuse, en ce qu'elle met le producteur en face du consommateur, et le consommateur en face du producteur. Tous les ouvriers qui sont consommateurs sont associés aussi à notre travail de producteurs, ceux des industries et des manufactures aussi bien que ceux de l'agriculture. Et comme, en dernière analyse, c'est le prix de la nourriture et surtout du pain qui règle le taux de tous les salaires, nous n'avons pas intérêt à ce que le blé baisse tellement que son prix ne soit pas rémunérateur. Mais, producteurs et consommateurs, nous avons intérêt à ce que le prix de la production, c'est-à-dire le prix de revient, baisse le plus possible. Si, par exemple, avec une dépense de..., je produis 15 hectolitres, et si avec une dépense double, j'en produis 30, évidemment consommateurs et producteurs auront intérêt à ce que j'en produise 30, parce que je pourrai donner à meilleur marché tout en gagnant autant. (M. Guillaumin, député au Corps législatif.)

problème insoluble dénote encore une étude consciencieuse :

« M. LE PRÉSIDENT. — Maintenant il s'agit de savoir à combien revient le blé dans ces conditions-là.

« M. DEMESMAY. — A cet égard, on ne peut arriver qu'à quelque chose de très-hypothétique.

« Cependant nous avons quelques moyens de nous renseigner, parce que le préfet du Nord a fait relever la nature des cultures, et qu'on peut, ainsi, en tenir compte pour dégager le prix de revient du blé au milieu des circonstances où il se produit.

« Dans l'arrondissement de Lille, sur une exploitation de 10 hectares, c'est la contenance moyenne de presque toutes nos exploitations, il y a :

3 h. 80 a.	cultivés en blé qui rapportent.........	1730 fr.
0 50	cultivés en filasse et graine de lin qui rapportent.........................	395
1 00	cultivé en colza qui rapporte..........	390
0 80	cultivés en betteraves qui rapportent ...	590
0 30	cultivés en pommes de terre qui rapportent...........................	290
0 60	cultivés en haricots et féveroles qui rapportent...........................	205
3 00	cultivés en fourrages consommés dans la ferme, et produisant : beurre pour...	500
	porcs, veaux et volailles, pour.......	400

10 h. 00 a.	4500 fr.

« Je prends la moyenne de 24 hectolitres par hectare, que je décompose ainsi qu'il suit :

```
20 hectolitres à 20 francs, soit....................  400 fr.
 3 hectolitres de qualité inférieure, que l'on con-
     somme dans la ferme ou que l'on vend aux do-
     mestiques qui ne sont pas nourris à la ferme,
     et que j'estime chacun à 15 francs, soit........   45
 1 hectolitre de blé encore moindre qu'on donne au
     bétail.........................................   10
                                                      ─────
                                                      455 fr.
```

« Le produit d'un hectare est ainsi de 455 francs, qui, multipliés par 3 hectares 80 ares, donnent 1730 francs pour le prix du blé. Le rendement des autres récoltes, lin, colza, betteraves, etc., est celui qui est indiqué par la statistique officielle de 1852.

« Maintenant, je vais vous dire les dépenses que le cultivateur a à faire pour arriver à un produit total de 4500 francs sur une exploitation de 10 hectares, et vous reconnaîtrez que dépense et produit se balancent exactement.

```
Loyer et contributions........................... 1500 fr.
Engrais et amendements achetés...................  600
Tourteaux et pulpes pour le bétail...............  300
Gages et nourriture d'un valot...................  550
Gages et nourriture d'une servante...............  450
Sarclages par journaliers........................  175
Récolte..........................................  225
Maréchal et charron..............................  100
Intérêt du capital nécessaire à l'exploitation...  400
                                                   ─────
                         Total.........  4500 fr.
```

« Comme je vous le disais, messieurs, la dépense est égale à la recette[1].

« Et pour arriver à cette balance exacte, remarquez bien qu'il faut compter que le blé destiné à la vente sera vendu au prix de 20 francs sur le marché; car c'est un fait généralement admis que, quand le blé n'est pas à 20 francs, le cultivateur ne peut vivre sans manger son capital, et c'est ce qui lui arrive dans ce moment-ci, puisque le blé ne vaut que 15 à 17 francs sur le marché de Lille. »

Établir un prix de revient exact sur les données consacrées jusqu'ici est donc évidemment chose impraticable, mais en dehors des anciens errements n'est-il pas un moyen facile, non pas d'atteindre la vérité, mais d'en approcher; je n'hésite pas à répondre affirmativement; ce moyen, ce sont MM. Darblay aîné et Léonce de Lavergne qui me le fournissent. Je ne puis mieux faire que de les citer en faisant remarquer que cette pensée qui émane de deux camps opposés, de deux hommes d'opinion contraire, acquiert, en raison même de cette circonstance, beaucoup de force et d'autorité. Je cite d'abord M. Darblay aîné.

---

1. J'ai reproduit la déposition de M. Demesmay telle qu'elle est insérée dans le *Recueil du conseil d'État*. Si l'on a additionné les chiffres qui concernent les frais, on aura remarqué que le total ne serait réellement que de 4300 francs, au lieu de 4500 francs. Cette différence provient de l'omission qui a été faite à l'impression d'une somme de 200 francs pour semence de lin, blé et betterave. M. Demesmay lui-même m'a fourni ce renseignement.

Il s'exprime ainsi :

« En résumé, j'ai dit que les renseignements de détails que l'enquête fournirait sur les frais de production du blé, n'offriraient que confusion et divergences ; je reste dans cette croyance, mais il y a un moyen bien simple de connaître le prix de revient : prenez celui des trente dernières années, il vous fournira, je crois, une moyenne de 20 francs environ l'hectolitre ; c'est ce qu'établit un résumé, fait pour mon usage, du prix des grains à Paris depuis 1797, semaine par semaine. Jetez les yeux sur notre agriculture, généralement pauvre (les exceptions ne sont pas des règles) ; si donc à ce prix l'agriculture se soutient à peine, s'il y a fréquemment des fermiers ruinés, qui ont ruiné la terre avant de la quitter, si votre sol ne produit pas tout ce qu'il pourrait produire, c'est qu'il n'est pas suffisamment engraissé ; si vous cherchez et désirez trouver le moyen de procurer à l'agriculture l'argent qui lui manque, c'est donc que ce prix de 20 francs est à peine le prix coûtant au producteur sans profit pour lui. Si tout progrès nécessite des avances, et qu'il faille continuer d'en faire pour le soutenir et le pousser, votre agriculture n'en fera pas ou peu ; il faut donc qu'elle gagne : le prix de 20 francs l'hectolitre peut donc être pris comme prix coûtant, auquel il faut ajouter un profit ; fixez-le, messieurs, et basez votre loi protectrice sur ces nécessités. A ces conditions, vous aurez du progrès agricole, comme vous avez eu du progrès manufacturier. » (*Déposition devant le conseil d'État.*)

Voici maintenant, sur le même sujet, l'opinion de M. Léonce de Lavergne :

« Si l'on veut apprécier le prix de revient pour la France entière, il y a un moyen bien simple : c'est de constater les prix de vente. Je suis convaincu que ces prix, par le seul fait de la concurrence intérieure, serrent de très-près les prix de revient. C'est ce qui arrive toujours, quand il s'agit d'une matière de première nécessité ; les consommateurs ont un immense intérêt à tenir les prix aussi bas que possible et agissent sans relâche dans ce sens. » (*Déposition devant le conseil d'État.*)

De l'ensemble de ces deux opinions à mon avis si justes et si concluantes, je pourrais tirer les déductions les plus favorables aux chiffres que j'ai produits, mais n'est-il pas plus simple encore de chercher à déterminer la limite de la protection sur les besoins mêmes de la protection qui ne devrait s'arrêter que lorsqu'elle serait un danger pour l'alimentation, protection d'ailleurs que nos adversaires ont déclaré avoir été inefficace et sans valeur sous le régime de la loi.

Avant d'entamer cette discussion, il est utile de faire remarquer qu'on reconnaît généralement qu'un droit plus élevé doit protéger le midi tant en raison de sa proximité d'Odessa que de la faiblesse relative de ses récoltes ; on reconnaît encore que la différence entre la limite de taxe ne doit pas être moindre de

3 francs ; on aura donc déterminé le droit qu'il convient d'adopter pour la première classe, quand on aura trouvé celui qu'il convient de consacrer à la seconde.

Ainsi que le constatent les documents statistiques que nous possédons, la production du blé est énorme en France. J'ajoute qu'elle fut en 1847 de 97 611 140 hectolitres, et pour toute espèce de grains de 252 450 912 hectolitres. Elle est aujourd'hui pour le blé seulement de 100 000 000 d'hectolitres peut-être; car il faut bien signaler une augmentation progressive incessante. Or, je le demande, lorsque l'année aura été abondante, n'en résultera-t-il pas nécessairement un trop plein qui ne se traduira pas seulement par de bas prix, mais encore par la mévente ?

Ce qui est dans le cours ordinaire des choses et dans l'essence même de toute transaction devait recevoir de l'expérience une nouvelle consécration. En effet, on a vu dans toutes les crises agricoles le même inconvénient se reproduire, et la vente si ce n'est impossible, au moins très-difficile; d'où résultait l'encombrement dans les entrepôts, dans les greniers, dans les magasins, et la détérioration même de la denrée. A cet égard, il serait surperflu d'insister, et les douloureux souvenirs de 1857 à 1858 sont encore trop présents à la mémoire de tous pour qu'il soit nécessaire de les évoquer.

Mais quel sera le remède au mal et le moyen d'empêcher le retour de ces positions désastreuses ? Chacun a prononcé le mot : le débouché ; le législateur devra donc chercher à l'assurer et à le garantir.

C'est aussi ce qui préoccupe M. Léonce de Lavergne lorsque, soutenant contre nous le libre-échange, il s'écrie : *L'exportation est maintenant notre intérêt principal*[1].

Il est donc bien établi que c'est ce but que, dans certains cas, nous devons poursuivre avant tout, car dans ces conditions l'exportation sera notre première, notre plus certaine protection.

J'ajoute que, pour qu'elle soit efficace, il faut qu'elle ne soit point parcimonieuse, mais au contraire large et étendue ; car elle ne produirait pas le résultat qu'on en attend, si une marge ne lui était point accordée, si elle était entravée, si ce n'est arrêtée lorsque le blé assurerait à peine une légère rémunération ; si par conséquent elle ne pouvait s'exécuter sur une grande échelle qu'au moment où le prix serait déjà assez déprécié pour ne pas compenser les avances faites à la terre, et si elle n'avait d'autre effet que de signaler, pour la forme, la détresse du cultivateur.

Il faut bien le faire remarquer aussi, toute transaction commerciale demande une certaine garantie de réalisation, une certaine chance de probabilité comme exécution et comme espoir de succès dans l'entreprise ; qui donc voudrait consacrer son temps

---

1. Déposition devant le conseil d'État.

et sa peine aux soins d'une affaire dangereuse, incertaine, dont on pourrait prévoir à l'avance l'avor-
tement? A ces conditions l'exportation ne serait-elle
pas bien difficile, ne serait-elle pas même trop
souvent impossible lorsqu'un terme serait assigné au
marché? Dans ce cas ne resterait-il pas toujours
doute dans l'esprit du commerce tant sur l'opportunité que sur la convenance de la convention?

Mais cette démonstration ressortira encore mieux
d'un exemple que de toute autre considération.
Dans la quatrième classe l'exportation ne peut s'effectuer au simple droit de balance que quand le blé est
descendu au cours de 18 à 19 francs, taux qui couvre
à peine les frais de culture. Eh bien, dans ce moment
même, un marché à terme en destination des autres
pays ne sera pas possible, et tout commerçant
prudent refusera de le conclure; car au cours de
19 francs 01 centime, le blé serait frappé à la sortie
d'un droit de 2 francs par hectolitre de grains,
et sa farine d'un droit de 4 francs par quintal métrique; d'où l'on a déjà conclu avec moi que l'exportation ne pourra prendre quelque étendue dans cette
zone qu'au cours de 16 à 17 francs, c'est-à-dire
quand la culture sera aux abois.

Je m'arrête, car c'est assez prouver que l'on se
priverait du bénéfice même de l'exportation si on la
resserrait dans des limites trop étroites. D'ailleurs
il me semble que rappeler ici les plaintes et les
réclamations déjà anciennes et constamment renou-

velées par les départements frontières compris dans la troisième et la quatrième classe ; faire remarquer (car c'est là la considération principale) que le cours indiqué n'est point encore onéreux pour les masses et pour les ouvriers, et qu'il ne peut constituer à ce point de vue si essentiel un inconvénient et à plus forte raison un danger ; dire enfin que le principe de la protection serait un vain mot s'il devait être faussé par des mesures incertaines et sans valeur, c'est avoir surabondamment démontré sur cette question l'urgence et la nécessité d'une révision de la loi, et avoir pleinement justifié le chiffre de 22 à 23 francs dans la seconde classe, de 25 à 26 francs dans la première classe, chiffre que je propose de consacrer comme limite extrême de l'exportation au simple droit de 25 centimes ; comme balance, ou, si l'on aime mieux, comme terrain neutre entre la protection agricole et, si je puis me servir de cette expression, la protection alimentaire.

Surtout qu'on ne se figure pas que le but proposé soit de désigner à l'attention tel ou tel cours qu'il serait utile d'atteindre, de conserver ordinairement ou au moins de constater comme moyenne dans une certaine période de temps. Ceux qui ont attribué de pareilles intentions aux législateurs de 1821 et de 1832 se sont étrangement trompés. La recherche de la réglementation des cours est une œuvre plus vaine encore que l'étude du prix de revient ; ils sont et resteront ce qu'une bonne ou une mauvaise récolte, ce que les appréciations diverses, les approvisionnements et les besoins vrais ou supposés les auront faits; la loi ne peut que faciliter l'écoulement dans l'abondance et garantir les réserves dans la pénurie; à mon avis c'est beaucoup.

Après ce que j'ai exposé, il ne me reste que peu de chose à ajouter sur le chiffre de protection qui ne commencerait à être appliqué qu'au cours de 21 à 22 francs dans la seconde classe, de 24 à 25 francs dans la première. Ce chiffre est peu élevé; il ne procède que par un droit de 1 franc par chaque franc de baisse, et par conséquent il n'est pas un obstacle infranchissable pour le commerce dans le cas d'une hausse présumée.

Ici je ne veux pas rentrer dans une discussion épuisée; je me borne à constater que le prix normal ordinaire d'Odessa est de 10 francs avec un fret qui ne dépasse pas 3 francs 65 centimes pour Marseille, qu'à ces conditions toute concurrence est impossible, que dans cette situation la protection est une nécessité; si cette protection est suffisante, éclairée, elle sera un motif d'encouragement qui, en fin de compte, profitera à la production; que si au contraire on agit en sens inverse, malgré lui, forcément, le cultivateur pourra être amené à négliger une récolte essentielle, devenue désormais onéreuse, et à réduire ses assolements en blé *pour faire autre chose.*

Ainsi cette production si grande, si belle, si enviée de nos voisins, serait compromise et ne pourrait peut-être plus nous garantir de ces crises redoutables qui n'ont eu d'autre ressource chez eux que l'émigration.

Ici je ne puis me dispenser de produire une partie de la déposition de M. Burat :

« Pourquoi, dit-il, demande-t-on la libre importation ? Parce qu'apparemment on veut obtenir la baisse des prix au-dessous des taux actuels.

« Si ce n'est pas là ce qu'on veut, je ne sais ce qu'on poursuivrait en réclamant la liberté du commerce des céréales.

« Ce qu'on se propose donc, c'est d'avoir des prix moindres que ceux qui existent aujourd'hui en moyenne. Mais, si on fait diminuer le prix du blé en France, on provoquera nécessairement l'abandon d'une culture qui ne donnera plus une rémunération suffisante.

« C'est ce qui s'est passé en Angleterre, dans les contrées pauvres surtout, en Écosse et en Irlande ; une grande partie des terres arables y ont été converties en pâturages ; et, s'il faut en croire le *Morning-Post*, en Irlande, la seule partie du Royaume-Uni où l'on ait des renseignements officiels, la production du blé serait réduite de moitié depuis le rappel des lois céréales. »

Et plus loin :

« Dira-t-on que, s'il y a baisse de prix et si l'agriculteur y perd, au moins le consommateur y gagnera ?

« J'ai combattu cette distinction entre le producteur et le consommateur. Mais, même en admettant qu'il y ait un être imaginaire qu'on appelle consommateur, je crois que, pour lui, l'avantage ne serait que momentané. Dans les temps de bonne et de moyenne récolte, les prix seraient encore plus bas qu'aujourd'hui ; mais je crois qu'en temps de pénurie le blé serait beaucoup plus cher.

« La preuve, c'est ce qui s'est passé en 1846, en 1853 et dans les années suivantes : il nous a fallu recourir à l'étranger, et vous savez que les prix ont monté au taux excessif de 40 francs et au-dessus. Si les prix n'ont pas été plus élevés, c'est parce que la production intérieure était très-développée ; mais le jour où cette production intérieure s'amoindrira, le jour où l'on fera la part la plus grande à l'importation dans notre marché, on payera le blé beaucoup plus cher aux époques de pénurie ; on perdra alors au delà de ce qu'on aura pu gagner dans les temps de bonne récolte, et les disettes seront beaucoup plus désastreuses. » (*Déposition devant le conseil d'État.*)

Mais le libre-échange ne raisonne point ainsi logiquement ; impitoyable dans les temps de pénurie, il veut encore se montrer imprévoyant dans les temps d'abondance. A bout d'arguments, il dit au cultivateur :

« Votre blé ne vous procure point, suivant vous, assez de bénéfices ; faites autre chose. »

Ainsi, ce que nous aurions considéré dans certains

cas comme une nécessité funeste à laquelle nous aurions sacrifié à regret, nous est présenté comme un conseil et fait désormais partie de la doctrine nouvelle. Dès lors il ne faut plus se préoccuper, s'il est intéressant qu'un peuple arrive à se procurer lui-même sa nourriture, si ce n'est pas souvent pour lui une condition d'indépendance, et si la suffisance de la denrée même dans les années malheureuses, n'est point une garantie non contre des prix trop hauts, mais au moins contre la disette et la faim.

Non, ces considérations n'ont plus désormais de valeur, car ce sont les amis intimes du consommateur qui nous disent : *Faites autre chose.*

On a encore affirmé périodiquement dans de longs écrits que les réserves en Europe étaient très-restreintes. A cet égard, on a invoqué le témoignage de l'enquête ordonnée par le Parlement anglais, et de ce fait, on a conclu qu'il était urgent de donner une grande importance aux importations. Ainsi on aurait déjà oublié les enseignements de 1854, 1855, 1856 [1] et la hausse excessive occasionnée par la fermeture du port d'Odessa, et nos seules récoltes appelées à pour-

---

1. Les importations en 1854 et 1855 ne s'élevèrent qu'au chiffre de :

	GRAINS. Hectolitres.	FARINES. Quint. mét.
1854	4 266 361	684 646
1855	3 138 602	283 058

En 1856, par le fait seul de la cessation de la guerre, elles s'élevèrent à 7 156 124 hectolitres de grains, et à 849 066 quintaux métriques de farine.

voir aux besoins de la consommation du pays, comme à l'approvisionnement d'une armée lointaine, et après cette épreuve on ne reconnaît pas encore qu'il est préférable de favoriser la production intérieure qui sera notre possession, notre sûreté, notre garantie certaine, et que la guerre elle-même ne pourra nous ravir, plutôt que d'avoir recours à une importation étrangère qui, à tout instant, pourra nous faire défaut !

Il est vrai que, pour donner plus de force à cette argumentation, on suppose que nos récoltes sont loin de pourvoir aux besoins de la consommation.

C'est M. Léonce de Lavergne qui se charge de répondre à cette allégation ; il s'exprime ainsi :

« En prenant la France dans son ensemble, on peut dire que la moitié méridionale a un déficit constant qui se manifeste surtout en Provence, et la moitié septentrionale un excédant régulier qui se manifeste sur la côte de l'Océan. En additionnant les excédants et les déficits pour un ensemble d'années on trouve que la production et la consommation se balancent à très-peu de chose près. Si je ne me trompe, depuis 1815, l'importation n'a excédé l'exportation que de 800 000 hectolitres par an, en moyenne. Encore cette différence tient-elle à ce que le point du territoire qui manque habituellement de grains, Marseille, est trop éloigné des parties qui ont un excédant pour que nos propres blés y arrivent à aussi peu de frais que les blés étrangers. Sans cette circonstance , la Provence elle-même n'aurait pas besoin de ce faible appoint venu du dehors. La production nationale suffirait complétement à la consommation nationale et peut même aisément la dépasser. » (*Déposition devant le conseil d'État.*)

J'ai cherché à faire ressortir de cette discussion tous les avantages qui résultent de la protection agricole. A l'appui de mon opinion , et pour compléter cette démonstration, je citerai une partie de la remarquable déposition de M. le comte Benoist d'Azy :

« Elle doit aussi (la loi) donner de plus grandes facilités pour l'exportation; je crois que c'est un des grands buts auxquels la France doit tendre. Quelque législation que vous fassiez, vous n'arriverez jamais à supprimer les effets de la disette, et vous aurez toujours en fait deux législations ; occupez-vous surtout de ces souffrances lentes qui ruinent l'agriculture , vous lui tendrez la main , mais prenez garde de ne pas faire assez ; la prospérité de l'agriculture importe , non-seulement à la population qui y est attachée, mais à la France entière, car c'est là surtout qu'elle peut trouver les aliments de sa force , de son indépendance et de son bien-être. Votre législation doit être faite en vue des bas prix, en vue des temps de grande abondance , donc c'est l'agriculture que vous devez avoir en vue. Je le répète encore , parce que c'est là le fond de ma pensée : pour les temps de crise, la législation sera toujours culbutée par les nécessités du moment. Maintenant, ces temps de crises, quel est le moyen de les éloigner ? Ce sont les réserves qui peuvent être de deux espèces, ou parce que vous aurez gardé les excédants des années précédentes dans des silos, ou parce que vous aurez des excédants annuels qui s'écouleront habituellement par l'exportation et que vous pourrez vous appliquer à vous-mêmes en temps de détresse.

« Voilà le véritable but qu'il faut se proposer. »

(Déposition devant le conseil d'État.)

III

Jusqu'ici le but que j'ai poursuivi, la pensée que je me suis efforcé de mettre en lumière par les observations qui précèdent, a été d'assurer à la culture, dans les bas cours, une protection sérieuse, efficace ; il s'agit maintenant, dans les cours élevés, de rechercher les moyens de garantir l'alimentation, d'arrêter la hausse, d'empêcher qu'elle ne prenne des proportions dangereuses, et surtout que, par notre imprévoyance, l'étranger ne puisse nous enlever le pain et la nourriture que la protection nous aura assurés.

La question prend des proportions de l'ordre le plus élevé ; elle s'accroît de tout ce que peut réunir d'importance, de grandeur, de générosité l'intérêt des classes ouvrières, des pauvres, des fortunes modestes, de tout le monde enfin. Suivant que la loi aura été bonne ou mauvaise, on aura atténué ou aggravé bien des souffrances, le salut d'une nation sera peut-être à ce prix; c'est donc non-seulement avec maturité et réflexion, mais encore avec crainte et recueillement que doit être abordé un pareil sujet.

Il faut le dire tout d'abord, le droit de 2 francs par chaque franc de hausse dans les cours sera utilement maintenu par cette seule raison qu'il n'est pas contesté; car ce sera une des gloires de l'agriculture française de n'avoir jamais protesté, d'avoir toujours admis ce chiffre de 2 francs à l'exportation; lorsqu'elle n'était protégée que par un droit inférieur, elle avait compris qu'il ne s'agissait plus d'une simple question de douane, mais d'une question sociale.

Une opinion différente s'est produite dans quelques délibérations des comices agricoles, et je crois utile de l'exposer ici.

On sait que les législateurs de 1821 avaient adopté le principe de la prohibition dans certains cas, tant à l'importation qu'à l'exportation; c'était en apparence un moyen radical de venir en aide, suivant les circonstances, ici à l'alimentation, là à la production.

Pourtant cette mesure dans son application devait rencontrer de sérieuses difficultés; en effet, celui qui, dans la prévision d'une hausse, achetait du blé à l'étranger et dont l'attente était déçue, trouvait à son arrivée en France les ports fermés. A cet égard on a cité des blés qui restèrent sept ans invendus ; or le commerce se trouvait ainsi exposé non-seulement à la perte de nombreuses avances, mais il était encore très-regrettable de voir une denrée de première nécessité, la première nourriture de l'homme avariée et même perdue.

Aussi les comices agricoles qui ont traité cette question se sont-ils bien gardés de demander la prohibition à l'importation, mais bien à l'exportation, et dans cette occasion ils ont témoigné une fois de plus de leur sollicitude pour l'alimentation publique.

Ici le commerce ne pourrait alléguer ni les frais d'acquisition et de transport, ni la déperdition de la denrée. L'élévation du cours régulateur viendrait tout simplement arrêter une opération en projet, et un espoir de lucre serait sacrifié à l'intérêt de tous.

Déjà on a dit que cette mesure était superflue, que dans ces circonstances les gouvernements avaient défendu l'exportation en temps utile, que le pouvoir saurait bien encore suspendre la loi et pourvoir, par des mesures temporaires, aux nécessités du moment.

Oui, mais outre qu'une loi perd singulièrement de son autorité et de sa force lorsqu'elle est souvent l'objet d'une suspension ou d'un interdit, les mesures exceptionnelles n'ont-elles pas en général, et surtout quand il s'agit d'alimentation, les conséquences les plus funestes ? En effet, si le terme assigné à la prohibition est assez éloigné pour se rencontrer avec une année très-productive, l'encombrement est infaillible et devient plus tard une cause de ruine pour la culture. D'ailleurs comme il n'est donné à personne de préjuger les cours sur lesquels les appréciations et les tendances du moment influent plus encore que la réalité, lorsque le gouvernement qui connaît seul les renseignements statistiques se sera prononcé par un décret, n'en conclura-t-on pas que la récolte est mauvaise, qu'elle n'est pas en rapport avec les besoins de la consommation? et la panique aidant le mal ne s'aggravera-t-il pas? si bien qu'on n'aura obtenu de garantir un approvisionnement suffisant qu'à la condition de voir hausser démesurément les prix. N'est-il pas plus simple, plus naturel que le cours régulateur soit appelé à déterminer seul la limite où la prohibition sera consacrée.

Si je ne me trompe, voici les raisons sur lesquelles se fondent ceux qui demandent l'application de cette combinaison qu'ils considèrent comme le complément de l'échelle mobile et comme un principe de plus de vitalité pour elle. Ils font remarquer que le jeu de la loi ne serait interrompu que pour le temps où le cours serait élevé, que l'encombrement ne serait plus, par conséquent, la suite de nos crises alimentaires, que les mesures sommaires seraient ainsi évitées; enfin ils en tirent des déductions très-favorables aux intérêts de la consommation.

Pour moi, sans oser me prononcer sur une matière aussi délicate, je pense que si l'on jugeait à propos de rétablir la prohibition à la sortie dans certains cas, elle pourrait être appliquée lorsque le cours de 28 francs serait dépassé dans la première classe, de 25 francs dans la seconde, et je rétablis ici le tableau sur cette donnée :

1re CLASSE.	2e CLASSE.	ENTRÉE.	SORTIE.
fr. fr. c.	fr. fr. c.	fr. c.	fr. c.
29 à 28 01	26 à 25 01	» 25	Prohibition.
28 à 27 01	25 à 24 01	» 25	4 »
27 à 26 01	24 à 23 01	» 25	2 »
26 à 25 01	23 à 22 01	» 25	25 »

Un certain nombre de comices agricoles ont réclamé la liberté de l'exportation et l'application du principe de l'échelle mobile à l'importation : les partisans de ce système plus absolu, plus radical que celui du droit variable, n'admettent pas qu'un droit purement fiscal vienne entacher un régime de protection.

Il m'a semblé que cette opinion qui a eu quelque retentissement devait naturellement trouver ici sa place, parce qu'elle entraîne après elle, comme conséquence forcée, la prohibition à la sortie dans les cours élevés ; mais puisque ceux qui se sont prononcés en faveur de cette combinaison n'ont point encore déterminé le chiffre où, suivant eux, il serait utile d'interdire la sortie des grains, il est juste d'attendre, avant d'exprimer un avis, qu'ils aient comblé cette lacune et complété aussi leur échelle mobile.

Que l'on adopte la prohibition à la sortie, que l'on se contente du droit consacré par la loi, on n'aura encore rien fait, à mon avis, pour l'alimentation, si en même temps on n'a pas donné une appréciation officielle par la publication des documents statistiques.

M. Darblay aîné fait parfaitement ressortir, avec l'autorité qui s'attache à son nom et à sa longue expérience des affaires, les inconvénients de la marche suivie dans les instants de crise; il s'exprime ainsi :

« Un point sur lequel tous les gouvernements se sont mépris, ç'a été de tenir secrets leurs renseignements sur les récoltes; de publier l'abondance quand ils recevaient des avis de déficit; de parler de grands restants, quand tous étaient consommés; de tenir ainsi en échec le commerce, dont les avis étaient contraires; de retarder d'un mois, de deux, de trois, les opérations auxquelles il se serait livré, et d'arriver à la pénurie avant que les secours ne pussent atteindre le lieu du besoin; alors les plaintes, les cris, les révoltes, le nom d'accapareurs donné à ceux qui viennent au secours, l'obligation de sévir et les révolutions.

« Avec l'échelle mobile qui prévient, qui suit la

marche ascendante ou descendante des cours et de l'opinion, et surtout avec le courage de la franchise dans le gouvernement, le commerce encouragé vérifie les données qu'il reçoit, opère à temps, devient un bienfait pour le peuple et un puissant appui pour le gouvernement. » (*Déposition devant le conseil d'État.*)

Aux inconvénients signalés avec tant de vérité par M. Darblay, je propose comme remède la publicité donnée aux documents statistiques après chaque récolte ; ce serait, suivant moi, le corollaire de la loi ; ce serait sa force ; ce serait la lumière qui viendrait éclairer une route obscure et difficile. Et pourquoi tenir secret ce qu'il est si intéressant de connaître ? pourquoi cacher ce qu'il est si important de produire ? Pourquoi ? pour dissimuler le mal peut-être ? Mais n'est-ce pas l'aggraver que de se priver du seul élément dont on puisse disposer pour le combattre ? On a dit avec raison [1] que l'échelle mobile permet d'établir des

---

1. Je crois que le commerce a beaucoup exagéré les inconvénients de l'échelle mobile au point de vue de ses opérations. Le commerce est naturellement porté a s'élever contre toute espèce d'entrave, contre tout ce qui le gêne ; et, si on prenait au mot tout ce qu'il dit, il faudrait supprimer entièrement notre législation des douanes.

Le commerce, c'est l'art de prévoir et d'acheter à propos ; or, pour acheter, il faut interroger les besoins, chercher quelle est la situation des marchés. Sous ce rapport, il me semble que l'échelle mobile est plutôt une aide qu'une entrave pour le commerce. L'échelle mobile permet d'établir des tableaux régulateurs qui indiquent les variations des prix ; le commerce y voit comment les droits ont une tendance à monter ou à baisser, et c'est là une indication qui peut le guider dans ses opérations. (Burat ; déposition devant le conseil d'État.)

tableaux qui indiquent des variations de prix et guident le commerce. Il y a plus à faire encore, c'est de lui livrer tous les renseignements afin que, marchant dans une voie assurée, il remplisse sûrement la mission qui lui est dévolue. En effet, dans un moment de cherté, est-il rien de plus fâcheux que l'incertitude ? n'entraîne-t-elle pas après elle les exagérations les plus opposées. D'un côté, si la récolte est médiocre, on la dira mauvaise ; si elle est mauvaise, on proclamera qu'elle est insuffisante ; d'un autre côté, le mot d'accapareur aura été prononcé et à sa suite viendront les bruits sinistres, les menaces et les excitations violentes, précurseurs ordinaires des révolutions.... Dans ces perplexités, le commerce irrésolu, inquiet, n'ayant à sa disposition que des renseignements partiels et contradictoires, trompé souvent par l'attitude même du gouvernement, ne saura à quel parti s'arrêter et n'exposera ses capitaux qu'avec répugnance.

Pour couper court à ces hésitations, pour le faire entrer avec confiance dans la voie, pour l'amener à diriger tous ses efforts vers le but indiqué, un mot aurait suffi, et ce mot, c'est la vérité, la vérité tout entière ; lui ferait-elle toujours défaut ?

Il va de soi que, dans les années d'excessive production, le commerce agissant en sens inverse et sur des données positives, chercherait des débouchés, empêcherait l'encombrement, de sorte qu'en s'assurant des opérations fructueuses, il aurait rendu dans les deux cas un grand service aux intérêts qui sont en présence.

Mais pourquoi démontrer plus longuement ce qui est évident? Mieux vaut citer un exemple, et comme la partie de l'étude dont je m'occupe a trait surtout à l'alimentation, je le choisis dans une année de cherté.

En 1846, la récolte ne s'éleva qu'au chiffre de 60 696 968 hectolitres[1]; c'était une mauvaise année, l'année qui depuis 1831 avait été la plus défectueuse; mais en 1844 ce chiffre avait été de 82 452 845, en 1845 de 71 963 280. 1845 représentait à cette époque une bonne année moyenne comparable à celles de 1841 et de 1842, tandis que 1844 était non-seulement une année exceptionnelle par sa fécondité, mais encore la plus abondante de toutes celles qui l'avaient précédée; d'où je conclus qu'il était facile de couvrir le déficit; car si je recherche quelles furent les importations et les exportations en 1844, 1845, 1846, j'arrive au résultat suivant :

COMMERCE SPÉCIAL.

1844.	Importations...................	2 475 723
1845.	Id.	749 075
1846.	Id.	4 919 489
	Total.......	8 144 287

1. Les chiffres de productions sont extraits de l'ouvrage de M. Maurice Block : *Charges de l'agriculture en Europe.*

1844.	Exportations..	....	390 541
1845.	Id.	....	450 415
1846.	Id.	....	255 432
		Total........	1 096 388

DIFFÉRENCE.

1844.	....	2 085 182
1845.	....	298 660
1846.	....	4 664 057
		7 047 899

Soit 7 047 899 hectolitres en faveur de l'importation[1].

Voilà quelle était, pour faire face à une de nos années les plus désastreuses, la position en janvier 1847. On conviendra qu'elle était devenue presque normale, surtout si l'on tient compte de l'excédant de l'excellente récolte de 1844 qui, comme je viens de le démontrer, n'avait pas été exportée.

Or, dans cet état, s'il eût été d'usage de publier les renseignements statistiques, on n'aurait pas évité la hausse, mais on en eût arrêté l'élan. La réalité d'ailleurs n'était-elle pas de nature à calmer au moins l'inquiétude et l'agitation des esprits? On essaya, à la vérité, de ce moyen; on proclama avec raison que les craintes étaient exagérées; on prétendit même que les existences en blé étaient suffisantes; mais on ne songea pas plus que par le passé

---

1. Ces chiffres sont tirés des renseignements statistiques fournis au conseil d'État.

à corroborer ces assertions par des documents officiels, si bien que le commerce, irrésolu, hésitant,
ne prit que des demi-mesures, n'eut point de déter-
mination arrêtée et ralentit même un peu, pendant
les six derniers mois de 1846, le cours de ses importations, au lieu d'en augmenter l'importance.
Pourtant, à ce moment même, c'est-à-dire en décembre 1846, le cours moyen du blé à Odessa était
de 13 francs 70 centimes, à New-York de 15 francs
12 centimes, tandis qu'en France, le cours moyen
régulateur dépassait 28 francs. Je ne veux pas
omettre de dire que les mesures adoptées à cette
époque contribuèrent aux nombreuses importations
de 1847 qui furent de 9 157 943 hectolitres de
grains et 662 620 quintaux de farine ; qu'elles
eurent pour effet de faire fléchir les prix, que le
cours moyen de cette malheureuse année fut de
29 francs 01 centime, mais avec des alternatives de
hausse regrettables.

En résumé, les crises alimentaires procèdent de
deux causes : la crainte et la pénurie.

La publicité en changeant le doute en certitude a
pour effet de calmer les craintes exagérées, en même
temps qu'elle éclaire le commerce, qu'elle le met en
demeure de pourvoir à la pénurie et que, par la con-
naissance exacte de la vérité, elle enlève aux masses
le prétexte des excitations violentes et des provo-
cations. On a cherché la conciliation des intérêts du
commerce, de l'agriculture et de la consommation ;

c'est sur ce terrain seul qu'elle peut s'opérer ! On demandera peut-être pourquoi, puisque ma conviction est si arrêtée sur ce point, je n'en ai pas fait l'objet d'un article spécial dans le projet qui précède? A cet égard je répondrai que j'ai voulu rester avant tout l'organe fidèle des comices agricoles, et que ce vœu n'a pas été formulé par eux avec assez de précision et d'ensemble pour qu'il puisse être considéré comme l'expression d'un désir bien arrêté.

Ici je ne puis me dispenser de citer, sur cet important sujet, un passage de la délibération du comice agricole de Vouziers; il est ainsi conçu :

« Il sollicite (le comice) la création d'un corps permanent et salarié de statistique agricole tout en conservant les commissions cantonales actuelles. »

Il est regrettable qu'un plus grand développement n'ait pas été donné à la pensée des membres du comice agricole de Vouziers. En effet, on entrevoit bien qu'ils se proposent d'entourer les opérations statistiques de plus de garanties et de les diriger vers une voie nouvelle ; mais ils évitent d'entrer dans le détail des changements qu'il serait utile d'apporter, selon eux, au régime actuel. Pour moi, je pense que ce serait réaliser une immense amélioration que d'adjoindre aux commissions cantonales un certain nombre d'arpenteurs chargés de contrôler, d'une façon précise, le nombre et l'étendue des ensemencements ; car si l'expérience nous a démontré qu'en ce qui concerne le rendement présumé de la récolte, la

sagacité des hommes les plus habiles est souvent mise
en défaut, et si, par suite, leurs appréciations ne
peuvent être considérées que comme un renseignement précieux, mais non comme un renseignement
certain, il est hors de doute au contraire qu'il est
facile, par le moyen que j'indique, de déterminer
d'une façon précise et mathématique, le nombre et
la quantité des assolements : car quoi qu'on en ait
dit suivant les cours des denrées, les variations météorologiques, et aussi suivant les instincts divers,
ces assolements subissent, d'année en année, des modifications profondes surtout dans les pays où, suivant l'expression consacrée par le libre-échange, il
est possible, avec quelques chances de succès, de
faire autre chose, et ce sont précisément ces pays
qui, par leur fécondité, influent davantage sur l'ensemble de la production : en outre, dans cette va-
riété, dans ce mélange de graines et de plantes
diverses, et au milieu de la division indéfinie de la
propriété et de la culture, sera-t-il possible, sans une
étude spéciale, d'indiquer la part qui aura été réser-
vée à chacune d'elles ? Évidemment non, et pourtant
c'est cette étude qui doit servir de base à toute évaluation; de sorte que si elle est erronée, tous les
calculs qui en découleront seront erronés comme
elle.

En résumé, le gouvernement peut se procurer des
appréciations certaines sur un point, sur un autre il
en possède d'approximatives, et je crois avoir dé-

montré qu'il est d'intérêt public de ne pas les tenir secrètes.

Par ces motifs, j'insiste et j'appelle l'attention de l'agriculture et du commerce des grains sur cette question capitale, afin qu'ils sollicitent, comme moi, la production des documents statistiques après chaque récolte, et plus tard celle des pièces devenues mathématiquement vraies au sujet des ensemencements [1].

IV

Quelques comices agricoles ont été d'avis que, pour favoriser le commerce des grains, le cours régulateur pourrait être établi tous les ans, soit sur les prix de l'année écoulée, soit sur les renseignements statistiques.

Au point de vue du commerce, il est hors de doute qu'un droit établi pour une année entière faciliterait les transactions à long terme, comme les opérations éloignées, et qu'un droit nouveau mensuel est une

1. J'ai pris soin de me renfermer strictement dans le cercle que je me suis tracé et de ne proposer que des mesures qui se rattachent directement au point de vue spécial que j'ai entrepris de traiter, mais chacun appréciera combien serait utile la publicité de toute la statistique agricole, et combien elle servirait pour le plus grand bien du pays aux délibérations des Chambres d'agriculture et des comices.

entrave à l'importation dans certains cas. Mais d'un autre côté, ainsi que j'ai eu occasion de le faire remarquer plus haut, une indication certaine, officielle, périodiquement renouvelée tous les mois, n'est pas pour lui sans importance.

D'autre part, au point de vue de la protection agricole, au point de vue de l'alimentation, cette mesure aurait les plus graves inconvénients.

Abordons d'abord le premier moyen proposé. D'habitude une année abondante amène des prix bas, une année mauvaise de hauts prix. Or, il est probable que, suivant que l'année aura été bonne ou mauvaise, le cours régulateur sera favorable à l'importation ou à l'exportation, puisqu'il sera établi sur les prix de l'année écoulée.

D'où il résulte que, si à une mauvaise année qui aura causé une hausse sensible dans les cours, succède une année de grande production qui aura déterminé une grande baisse, le cours régulateur devenu invariable, autorisera l'entrée au droit de 25 centimes, et frappant en aveugle, sans égard pour les souffrances du producteur, il grèvera l'exportation d'un droit élevé, provoquant ainsi à la dépréciation dans les bas cours, à l'encombrement dans l'abondance, au risque d'amener une de ces crises si funestes à l'agriculture.

Que si, au contraire, à une bonne récolte en succède une mauvaise, le cours régulateur sera vraisemblablement très-bas, et agissant en sens inverse, il autorisera la sortie au droit de 25 centimes, réservant ses inflexibles rigueurs pour l'importation. Le blé alors haussera avec d'autant plus d'insistance et de ténacité, que l'on saura que l'insuffisance de la récolte ne peut être couverte par l'importation, mais augmentée plutôt par l'exportation; il faut bien le reconnaître, une pareille situation serait de nature à compromettre l'alimentation publique et la sûreté de l'État, si les classes ouvrières étaient destinées à subir une année entière une anomalie dont la culture, dans des circonstances contraires, aurait été victime.

Adopter une pareille mesure, ce serait donc changer toute l'économie de la loi, ce serait marcher dans le sens opposé du but qu'elle se propose, mieux vaudrait la supprimer.

Mais, d'un autre côté, on veut avoir recours aux documents statistiques; ici la difficulté n'est pas moindre, et pour déterminer le droit qu'il est convenable de consacrer pendant une aussi longue période de temps, trop d'éléments divers sont en présence.

Et tout d'abord, je veux admettre que vous serez assez bien renseigné par les documents officiels, pour vous rendre compte de la position du pays; mais serez-vous aussi bien renseigné sur les produits des autres nations qui ont une si puissante influence sur nos cours? Aurez-vous de par le monde une enquête longue, minutieuse, permanente, qui vous fournira des détails exacts, précis? et si vous n'arrivez pas à ce résultat, ne courrez-vous pas le risque de compromettre par une résolution irréfléchie, ou un approvisionnement nécessaire, ou les plus chers intérêts de l'agriculture? De plus, vous n'êtes pas en mesure de tenir compte ni des faits, ni des besoins, ni des événements qui peuvent surgir dans un espace de temps aussi long.

Pour assumer sur sa tête une pareille responsabilité, il faudrait avoir le don de préjuger l'avenir.

Et à quelle époque établirez-vous ce cours régulateur? aussitôt après la récolte peut-être; mais vous ne pourrez encore apprécier l'apparence de la récolte future, apparence qui est souvent aussi une cause déterminante du prix. Sera-ce au moment où vous pourrez juger approximativement de son produit, en juin, par exemple? mais les circonstances atmosphériques sont encore de nature à changer les appréciations les plus justes.

Ce n'est pas tout encore. A qui confieriez-vous la mission si difficile de régler ce cours qui doit avoir tant d'importance et une si longue durée? Au gouvernement sans doute; car il est le seul qui, jusqu'ici, ait en sa possession tous ces renseignements. A votre insu vous nous aurez donc replacé sous le régime des décrets.

D'ailleurs ne voyez-vous pas que dans les circonstances les plus critiques, les plus impérieuses, le commerce attendra, avant de prendre une décision, ce cours régulateur qui sera pour lui l'imprévu.

Le hasard, l'inconnu et les décrets forment donc, en résumé, la base de cette combinaison qui n'offre en perspective que les plus graves difficultés comme les plus grands dangers.

Il est vrai que d'autres comices demandent que le cours régulateur soit fixé : les uns tous les trois mois, les autres tous les six mois ; mais qui ne voit que ces propositions sont entachées de tous les défauts que je viens de signaler, et qu'elles auraient les mêmes inconvénients dans une plus faible proportion ?

Le cours régulateur mensuel doit donc être maintenu ; il serait heureux qu'il fût possible de l'établir tous les quinze jours.

J'ai pensé qu'il était utile qu'un grand nombre de marchés fussent appelés à concourir à l'établissement du cours moyen régulateur, afin de mieux déterminer la position générale des départements frontières ; en deux mots, c'est la vérité que je me suis efforcé de rechercher, et elle s'obtiendra d'une façon d'autant plus certaine qu'on aura eu recours à la plus grande somme possible d'éléments divers. Toutefois ce serait aller contre le but proposé si des marchés sans importance et sans autorité devaient figurer dans la loi et la fausser ainsi dans son application ; aussi ai-je peut-être eu tort d'en indiquer le nombre, et ce sont tous les marchés importants qu'il eût été plus juste et plus raisonnable d'indiquer, comme expression plus certaine de la situation.

On a proposé encore que les principaux marchés de l'intérieur fussent adjoints à ceux des frontières, et que leurs prix servissent, comme ceux de ces derniers, à établir le cours moyen régulateur. Cette pensée est bonne; elle émane d'un principe équitable; elle aurait pour résultat de tenir compte de tous les intérêts, de toutes les variations; elle généraliserait et étendrait, dans toutes les circonstances et pour tous, le bénéfice de la loi qui acquerrait ainsi plus d'autorité et de sincérité relative; et comme cette mesure, dans son application pratique, ne me paraît présenter aucun inconvénient sérieux, je crois qu'elle serait utilement adoptée. Si cette idée prenait plus de consistance, si elle était généralement admise, si des vœux nouveaux exprimés par les comices et les sociétés d'agriculture venaient lui donner une consécration certaine, il serait intéressant de rechercher quels sont les marchés de l'intérieur qui, par leur importance, seraient appelés à établir, d'une façon équitable et juste, le prix moyen de la France tant dans l'une que dans l'autre classe; car c'est bien là, si je ne me trompe, le but légitime que se proposent ceux qui ont émis cette opinion. Pour le moment, il suffit de l'avoir signalée et d'avoir attiré sur elle l'attention des comices et des sociétés d'agriculture.

V

J'ai peu de chose à dire au sujet de l'entrepôt fictif et du droit protecteur de notre marine marchande, que je propose d'appliquer, comme par le passé. Il faut le dire aussi : au point de vue où je me suis placé, ils pourront paraître ici un hors-d'œuvre; mais je n'ai pas voulu qu'on pût m'accuser d'avoir négligé deux intérêts aussi essentiels. Chacun reconnaît d'ailleurs que l'entrepôt fictif est indispensable au commerce, comme la protection à la marine. Il est donc inutile d'insister sur l'opportunité de ces deux mesures, surtout de la dernière, en présence des dispositions contenues dans le dernier traité de commerce avec l'Angleterre, où les droits protecteurs de la marine marchande ont été maintenus à côté même de l'application du principe du libre-échange en matière commerciale.

VI

On a dit, avec une apparence de raison, que l'orge et l'avoine étant désormais la nourriture des animaux, il était hors de propos de les assimiler aux autres grains, de les réglementer comme eux, et qu'un simple droit protecteur pouvait sans inconvénient leur être appliqué à titre d'encouragement à la culture.

Il est très-vrai que dans les prix moyens et à plus forte raison dans les bas cours, l'avoine et l'orge n'entrent point dans la composition de nos farines et que, pour cette raison, elles ne sont point assimilables au blé.

Mais s'il en est ainsi dans les temps ordinaires, il n'en est pas de même dans les moments de cherté; alors on est forcé d'avoir recours à ces grains qui, par suite de la pénurie, entrent pour une large part dans la consommation, et deviennent une ressource dont on ne peut méconnaître l'importance.

D'où il résulte qu'il n'est pas prudent, qu'il n'est pas admissible que leur sortie soit alors autorisée sans droit; et que, par une juste compensation, il est naturel que, dans des circonstances contraires, la culture soit favorisée par un droit protecteur qui aura pour effet d'encourager une production qui, à son jour, pourra être si utile.

Je ne veux pas rentrer dans la discussion et invoquer les arguments généraux qui militent en faveur de la loi, et qui tous sont applicables à la combinaison que je propose, puisqu'elle est une autre échelle mobile à deux degrés; mais il est juste d'exposer les raisons qui ont amené les comices agricoles à désirer un tarif spécial pour l'orge et l'avoine.

Elles sont parfaitement assimilables puisque, ainsi que j'ai eu occasion déjà de le dire, elles servent habituellement et principalement à la nourriture des bestiaux.

Par la même raison elles n'ont pas besoin d'être garanties avec le même soin, la même précaution que le blé.

Seulement il était convenable de tenir compte autant du prix ordinaire de ces denrées que de leur valeur intrinsèque; la protection devait donc s'arrêter à un prix moins élevé pour l'avoine que pour l'orge.

Mais le motif déterminant, le motif principal qu'ont fait valoir avant moi les partisans et les adversaires de l'échelle mobile, c'est qu'il existe si peu de rapport entre le blé et ces deux céréales que l'un peut être à un prix très-réduit quand les autres, par suite du manque de récolte, seraient cotés à un prix très-élevé; d'où résultait souvent dans l'application de la loi une singulière anomalie dont 1859 nous a fourni un exemple frappant : le droit à l'entrée pour l'orge et l'avoine était haut dans la cherté, tandis que l'exportation s'exécutait au simple droit de balance.

Je ne veux pas discuter un point amplement élucidé et débattu; je me contente de l'indiquer, et je termine en formant le vœu que l'on adopte les mesures les plus propres à assurer, à garantir, autant que possible, dans tous les cas, dans toutes les cir-

constances, l'alimentation, afin d'arriver à ce résultat de pouvoir, sans crainte, protéger assez sûrement, assez largement la culture, pour que ses
intérêts ne puissent être compromis.

Toutefois, il ne faut pas perdre de vue que la
cherté est l'exception à laquelle il ne serait pas juste
de trop sacrifier la règle, et que les temps ordinaires
doivent surtout être pris en considération par le
législateur, s'il ne veut pas s'exposer à faire de la
cherté le temps normal et habituel, au grand détriment de la nation entière. En France, la raison suprême de l'agriculture, de la production comme de
la consommation, du travail comme de l'industrie,
en un mot de la fortune publique, il faut bien le
répéter, c'est la protection, protection à l'abri de
laquelle et l'agriculture et l'industrie de l'Angleterre
se sont rapidement développées ; car, ainsi qu'on l'a
fait très-justement remarquer, c'est par des mesures
plus protectrices que toutes celles qui ont existé
chez les autres peuples, qu'elle est parvenue à
atteindre un capital qui lui permet de défier toutes
les nations et de les amener, à son grand profit, sur
le terrain du libre-échange.

Dans le cours de cette longue étude je n'ai point
été amené à traiter la question politique et la question anglaise ; je comblerai cette lacune par de nombreuses citations.

J'avais pensé que le droit fixe était bien mort ;
mais puisqu'il paraît vouloir renaître sous la plume

du libre-échange, je produirai à son sujet quelques extraits des dépositions devant le conseil d'État afin que ce qui n'est pas né viable ne puisse prendre place comme une réalité vivante dans la législation.

DOCUMENTS

CONSIDÉRATIONS GÉNÉRALES AU POINT DE VUE POLITIQUE.

M. Dupin aîné.

M. Dupin. — Quant à l'échelle mobile, je vous confesserai que je n'ai pas étudié cette question à la manière des économistes. Je prise beaucoup la science qui étudie la production, l'échange et la transformation des richesses, qui réunit et compare les éléments des échanges et du commerce au sein de notre nation, et par comparaison avec la production, le commerce et l'industrie des autres peuples. La réunion et l'étude de ces éléments de statistique sont curieux, ils sont utiles; le gouvernement et l'administration font bien de les consulter, et peuvent en recueillir des lumières pour éclairer leur marche et leur conduite. Mais je n'aime pas les doctrines absolues et *a priori*, que certains théoriciens s'efforcent d'ériger en maximes, dont ils poursuivent à outrance l'inflexible application. Surtout en matière de subsistances, je me

suis tenu un peu plus près de la pratique et des
impressions populaires que j'ai reçues dans mes communications avec le peuple des campagnes. On les
appréciera comme on voudra, mais je crois que ces
impressions doivent être pour beaucoup dans la
question. On a reconnu que l'agriculture avait besoin
d'être protégée parce que c'est l'industrie la plus
générale; parce que, en France, la propriété est
extrêmement divisée; parce que la France, en raison de
son étendue du nord au midi, a un grand commerce,
un grand mouvement d'échange avec elle-même. On
a compris alors qu'il était essentiel pour elle de ne
point livrer son alimentation au hasard; qu'il fallait
protéger, encourager sa production agricole, territoriale, fondement de sa plus grande richesse, et qui
fournit, d'ailleurs, des matières premières à ses manufactures. Ainsi la France a toujours mis au rang
de ses plus grands hommes, dont elle chérit et bénit la
mémoire, ceux qui ont protégé l'agriculture, ceux
qui en ont compris l'importance. On n'a pas été non
plus injuste envers ceux qui ont fait progresser l'industrie manufacturière; car un peuple qui ne serait
qu'agricole n'aurait qu'un pauvre développement
social; de même qu'un peuple qui ne serait que manufacturier tomberait dans d'autres misères et dans
d'autres embarras. L'agriculture est sujette à des
hausses et à des baisses; quand il y a surabondance,
les cours tombent trop bas; les agriculteurs et les
propriétaires ne trouvent pas une rémunération suf-

fisante et se plaignent; l'agriculture alors languit, souffre et déchoit. Quand, au contraire, il y a rareté et cherté, les consommateurs souffrent; quand il y a disette, tout le monde se plaint; et telle est la source des émotions populaires qui, dans tous les temps, ont inquiété les gouvernements, et qui ont été surtout un grand souci pour ces gouvernements, quand ils s'en mêlaient imprudemment et qu'ils employaient de fausses mesures; par exemple, quand ils empêchaient la circulation intérieure, quand une contrée qui avait des grains était assez injuste pour ne pas les laisser aller à la contrée voisine qui en manquait, ce qui est contraire à la fraternité, à l'humanité, à l'unité sociale qu'un gouvernement doit maintenir entre les citoyens d'un même État. Toujours est-il qu'en tout temps les raretés des grains ont produit des émotions contre lesquelles les raisonnements ne faisaient rien.

A cet égard, il faut renoncer à faire l'éducation des populations, parce que, quand vient la disette, c'est à la génération qui est là qu'on a affaire; c'est elle qui se jette sur les grains, arrête les convois, saisit les voitures de terre ou les bateaux consacrés aux transports qui se font sur les fleuves. Vous aurez toujours affaire à des gens nouveaux dans ces cas-là. Il faut donc que le peuple ne puisse pas accuser le gouvernement dans ces circonstances.

On a remarqué que le mal tenait à la mobilité des prix; on a donc cherché, à l'aide de l'échelle mo-

bile, à produire une espèce de bascule naturelle destinée à suivre les variations de la marchandise. Quand
elle est à bas prix, on paye un droit plus fort à l'importation, afin que les peuples qui, dans un état
d'infériorité, produisent à meilleur marché, ne puissent pas venir ajouter à la misère de nos propriétaires, en donnant des blés vendus à 9 francs l'hectolitre, tandis que chez nous nous n'en pouvons produire qu'à 16 ou 17 francs. Quand, au contraire, les
grains sont à un prix raisonnable, ce droit diminue
ou même disparaît. On a donc cherché un droit variable et mobile correspondant à un prix de revient
et de vente mobile aussi et dépendant des circonstances. Cette législation a été élaborée avec un grand
soin : non pas qu'elle ait été parfaite ; mais elle a été
préparée par des hommes très-capables, très-compé-
tents, très-désintéressés, qui n'apportaient d'autre
calcul que celui du bien public et de la vérité ; elle
a fonctionné assez longtemps, et il est au moins arrivé
ceci, que, pendant tout le temps de sa durée, quoiqu'il y ait eu encore des moments où le blé était trop
bon marché et des moments où il était trop cher, il
n'est venu dans la pensée de personne de dire : C'est
la faute du gouvernement. On s'en prenait à la force
des circonstances, on implorait la Providence et on
attendait de meilleurs temps. Mais qu'est-il arrivé
l'année dernière ? C'est précisément au moment où
la détresse cessait, où les bonnes récoltes s'annon-
çaient, où l'on pouvait prévoir l'abondance (que dis-je !

on en sentait déjà les effets), qu'on a vu paraître
tout à coup un décret qui, pour une année tout entière, a paralysé les effets de la loi, et supprimé de
fait les droits de l'échelle mobile en permettant la
libre introduction des blés étrangers. Je n'ai pas de
données pour dire combien cela nous a rapporté de
grains étrangers, je ne le sais pas; mais je sais l'effet
produit dans les populations au point de vue de la
politique et de l'intérêt moral de l'administration :
c'est qu'il est répandu généralement parmi les agriculteurs, les petits propriétaires, les fermiers, enfin
dans le peuple agricole, que ce décret a été une calamité pour l'agriculture, et qu'une législation comme
celle des décrets variables serait pernicieuse et ferait
reporter sur le gouvernement toute la responsabilité
des événements, lors même que, par un raisonnement plus ou moins subtil, plus ou moins mathématique, on parviendrait à démontrer à quelques esprits
que ce n'est pas la faute du décret, mais que cela
tient à d'autres causes. Les faits sont patents, l'abais-
sement des prix est évident, et non-seulement les
grains sont à bas prix, mais il n'y a pas d'acheteurs,
il n'y a pas de mouvement de commerce. Ce défaut
de mouvement tient à ce qu'on a voulu faire passer
dans le décret ce qui est dans *la loi*.

Un tel mode de procéder n'est pas sans danger
dans un pays et dans un temps féconds en révolutions ; tout le monde se rappelle les faits de Buzan-
çais. Dans ces moments de disette, la qualité d'acca-

pareur est un moyen au service des passions populaires. Des gens même qui n'achètent pas de grains et qui n'en ont pas chez eux passent pour des accapareurs ; on fait croire qu'un tel achète des grains, quoiqu'il n'ait jamais songé à en acheter ; que serait-ce s'il avait eu des magasins et qu'il eût réellement fait des achats ?

Ceux qui achètent sont obligés, comme je l'ai dit, de charger une personne en blouse d'aller chercher des grains ; et encore, pour que des gens sensés et prudents puissent se livrer à des achats quelconques, il faut une législation sur laquelle on puisse baser ses calculs. Il ne faut pas, quand vous aurez fait des achats, qu'il puisse venir un décret inspiré par des utopistes ou suggéré par des intérêts assez habiles pour se masquer, ou assez protégés pour obtenir des mesures de faveur.

M. LE PRÉSIDENT. — La question soumise au conseil d'État n'est pas de savoir si la législation sera remplacée par la possibilité de faire des décrets successifs ; la question est de savoir si le système légal actuel sera maintenu ou s'il sera remplacé législativement par un autre système, par exemple par le système de l'exportation et de l'importation complétement libres, ou par un droit fixe. Personne n'a la pensée de substituer à une législation connue de tous un système de décret variable.

M. DUPIN. — Je crois, d'après ce que j'ai vu, d'après ce que j'ai entendu et d'après ce que j'ai recueilli, que le système actuel est celui qui convient le mieux à l'agriculture, c'est celui dont on a éprouvé les effets. Ce que l'on redouterait le plus, ce serait l'introduction d'un droit fixe pour une chose essentiellement variable, droit fixe qui se trouvera fort quand les prix seront élevés, et qui se trouvera trop faible quand ils seront avilis.

M. LE PRÉSIDENT.—N'avez-vous pas entendu faire ce reproche à l'échelle mobile, qu'elle nuit aux opérations commerciales par sa variabilité ?

M. DUPIN.—Je crois que, dans le commerce de grains comme dans tous les autres commerces, il y a des gens adroits et des gens maladroits, il y a des gens instruits et des gens ignorants. Je crois que les grands négociants, ceux qui savent bien asseoir leurs calculs, trouvent moyen avec l'échelle mobile de ne pas faire d'école. D'abord ils ont leurs explorateurs, ils savent quel est l'état des récoltes ; dès le printemps, ils leur demandent quel en est l'aspect et si elles s'annoncent bonnes ; ils ne font pas encore une commande totale sur les récoltes prévues, ils y vont avec mesure, attendent aussi le moment de la récolte, car c'est sur la quantité de grains espérés et sur cette réalisation-là qu'ils fondent leurs calculs définitifs et leurs dernières commandes.

Ce n'est pas un petit marchand qui agira ainsi, ce sont de grands négociants, ceux qui connaissent leur métier ; ceux-là achètent à temps et arrivent à temps. Il y a sans doute des maladroits, il y a des gens qui croient qu'ils feront hausser toujours, c'est comme tous les joueurs ; comme à la Bourse, il y a des gens qui, sur une nouvelle, croient pouvoir acheter ou vendre ; il y a des fortunes scandaleuses et des ruines effroyables, c'est dans tous les commerces ; mais le commerce bien fait trouve le moment pour acheter et le moment pour réaliser. Le résultat de la spéculation maladroite, c'est l'encombrement ; on croit qu'une hausse n'aura pas de terme, l'encombrement arrive, tant pis pour les joueurs, tant mieux pour les consommateurs.

M. LE PRÉSIDENT. — Quand les blés sont très-chers, on est obligé, comme en 1847 et en 1854, de suspendre l'échelle mobile et de permettre l'importation de blés étrangers, ce qui m'amène à faire remarquer que le décret de l'année dernière n'était que la continuation d'un état de choses existant depuis 1854, état de choses que le décret prorogeait pour un an ; si en temps de cherté de grains on est obligé de suspendre l'échelle mobile, c'est sans doute que ce système est mauvais ?

M. DUPIN. — Cette objection n'est qu'apparente, car la cherté est un cas fortuit, exceptionnel, auquel il faudrait toujours pourvoir exceptionnellement, quelle que soit la législation qui régisse les céréales ; quand on a disette, tous les moyens sont bons afin de favoriser l'importation ; la loi étant insuffisante, on doit s'en départir, cela fait le bien de tout le monde ; ni le consommateur, ni le producteur n'ont à s'en plaindre. Mais nous ne parlons pas de moments de disette, nous parlons de la pression que peuvent exercer sur les cours les pays qui produisent à meilleur marché que nous, et qui seront toujours une ruine pour notre agriculture s'il n'y a pas cette échelle mobile qui augmente les droits en proportion de ce que la denrée coûte chez nous.

M. LE PRÉSIDENT. — Vous disiez que vous n'aviez pas les données nécessaires pour juger des effets du décret dans ces importations de grains étrangers ; nous savons par les douanes les résultats produits par ce décret.

M. DUPIN. — Oui, dans les ports de mer, mais je sais aussi l'impression fâcheuse qu'il a produite ailleurs.

L'agriculture est dans la persuasion que c'est parce qu'on s'est départi du système de l'échelle mobile que les grains restent dans un état d'apathie qui arrête les ventes.

UN MEMBRE. — En 1858, l'importation a été à peine de deux millions d'hectolitres et l'exportation de plus de six millions et demi.

UN MEMBRE. — Avec le système de l'échelle mobile, les deux millions ne seraient pas entrés, et cela n'aurait pas empêché les six millions de sortir.

M. DUPIN. — L'Angleterre aurait toujours mieux aimé aller chercher des blés à vingt lieues de ses côtes, que d'aller les chercher en Amérique et à Odessa.

M. le Président. — M. Dupin pense-t-il que le droit fixe puisse remplacer l'échelle mobile ?

M. Dupin. — Je ne le pense pas ; jamais un droit fixe ne pourra remplacer les droits variables de l'échelle mobile sur une denrée dont le prix est lui-même incessamment variable.

M. le Président. — On a pensé qu'il y avait quelques modifications à introduire ; quelle est votre opinion à cet égard ?

M. Dupin. — Quant aux zones, j'ai entendu faire quelques reproches ; j'ai entendu dire que l'établissement des chemins de fer, qui n'entraient pas dans les prévisions des législateurs d'alors, amènerait des modifications qui, du reste, n'attaqueraient pas le principe de la loi. Cependant il y a deux grands faits auxquels il faut faire attention, c'est que notre littoral de la Méditerranée ne pourra jamais être confondu avec le littoral de l'Océan, et que nos vaisseaux qui vont chercher des grains en Amérique, ne sont pas dans les mêmes conditions que ceux qui vont de Marseille à Odessa et sur la Méditerranée.

Dans cette zone, vous avez non-seulement l'Égypte, mais encore l'Agérie ; si on ne fait pas une législation qui gêne sa production et son exportation, elle est appelée à donner des grains dont nous ne serons pas jaloux, puisque l'Algérie c'est la France. Par conséquent, on ne peut pas confondre la partie du territoire qui se rattache à la Méditerranée et celle qui se rattache à l'Océan. Quant à l'intérieur, il y a

des modifications de zones sur lesquelles l'administration a tous les éclaircissements nécessaires.

M. LE PRÉSIDENT. — Quelle est votre opinion sur la
liberté d'importation et d'exportation ?

M. DUPIN. — C'est là une des applications du libre-
échange, que je ne repousse pas systématiquement,
mais que j'admettrais encore moins d'une manière
absolue par amour de ce qu'on appelle la science; je
n'approuve pas cette science que quelques esprits
absolus voudraient renfermer dans cette formule :
laissez faire, laissez passer; avec cela d'un âne on
peut faire un docteur en un instant.

Je crois qu'avant de dire : *laissez faire, laissez
passer,* il faut avoir étudié les populations, leurs territoires, leurs besoins, leur commerce. Non-seulement il y a des études à faire pour chaque nation,
pour les relations de peuple à peuple, mais aussi des
considérations à emprunter aux éventualités de la
guerre et de la paix; ce qui peut être sans inconvénient dans certains temps et pour certains peuples,
peut en offrir beaucoup quand les données du problème viennent à changer. Je crois qu'il faut mettre
tout en balance, et que là, comme dans tout autre
chose et dans tous les cas où ces sortes de questions
viennent à se présenter, il y a un juste milieu que
l'administration ne pourra atteindre que par beaucoup de prudence.

Ce que je reproche à cette doctrine du libre-échange,
que ses adeptes proclament avec tant de bruit, c'est

ce qu'elle a d'absolu et d'idéal; c'est de poursuivre systématiquement la réalisation de ses idées en dépit des intérêts des peuples et des gouvernements, c'est de n'en tenir aucun compte.

UN MEMBRE. — M. le procureur général s'est surtout expliqué en ce qui touche l'échelle mobile; il y a des gens qui, tout en étant partisans de l'échelle mobile en ce qui touche l'importation, sont d'avis qu'on pourrait laisser toute latitude à l'exportation.

M. DUPIN. — Il y a une foule de cas où l'exportation libre ne produit que des avantages et peu d'inconvénients. Actuellement, par exemple, il y a abondance, et plus il y aura d'exportation, mieux cela vaudra. Mais il arrivera un moment où le blé deviendra cher; vous aurez alors de ces émotions qui réclament impérieusement des mesures exceptionnelles. Quand le grain devient rare, et par cela même très-cher, vous n'empêcherez pas tout un peuple affamé de crier qu'il ne faut pas laisser sortir les grains, et le gouvernement sera obligé de céder et d'empêcher brusquement l'exportation après l'avoir d'abord permise. C'est une chose sur laquelle on ne peut pas être absolu.

UN MEMBRE. — En supposant le droit fixe substitué à l'échelle mobile, n'aurait-il pas aussi, dans les cas de disette, le même inconvénient que l'échelle mobile, à savoir le défaut de permanence et la nécessité d'une suspension?

M. DUPIN. — La loi de l'échelle mobile répond à

cette question. Quand le grain est assez abondant, le prix baisse de lui-même, et la hausse du droit sur le blé venant de l'étranger n'excite aucun murmure. Mais si le grain est trop cher, on criera contre le droit fixe et contre le gouvernement qui l'aura établi. Je ne dis pas que l'échelle mobile répond à tout, mais elle prévient les attaques contre le gouvernement.

> (M. DUPIN, procureur général à la Cour de cassation, sénateur; déposition devant le conseil d'État.)

CONSIDÉRATIONS GÉNÉRALES AU POINT DE VUE POLITIQUE.

M. le marquis d'Andelarre.

Nous arrivons au cœur de la question. Je reconnais tout de suite que le système de l'échelle mobile produit le résultat qui fait l'objet de la huitième question ; il est certain que le commerce extérieur, qui fait des commandes, peut se trouver entravé par cette législation ; les blés peuvent varier de prix, et, comme les droits changent à mesure que les blés baissent, on pourra n'avoir fait qu'une mauvaise affaire. Les droits sont plus élevés quand le blé est à 20 francs que lorsqu'il est à 24 francs. C'est là pour le commerce extérieur l'inconvénient de l'échelle mobile ; il y a une entrave à l'entrée et à la sortie des blés.

M. le Président. — Est-ce que les prix varient dans une proportion considérable d'une époque à l'autre dans la même année ?

M. LE MARQUIS D'ANDELARRE. — Non; mais il n'y a
pas moins entrave positive pour le commerce; la variation des droits est assez forte; le blé, lorsqu'il est
à 24 francs, paye un droit très-minime, et, quand il
est à 22 francs, le droit augmente beaucoup. Je crois
qu'il y aurait quelque moyen d'arranger les choses
et de parer à cet inconvénient. Seulement, j'appelle
l'attention de la commission sur cette grave considération : il ne s'agit pas du commerce dans la question des céréales; il ne faut pas perdre de vue que
l'objet de cette législation est la protection de deux
intérêts très-supérieurs à l'intérêt commercial : la production et la consommation.

Il ne s'agit pas de donner des aliments au commerce. Le commerce est toujours très-étendu dans
son objet; si aujourd'hui il ne trouve pas à opérer
sur cette matière, il opérera sur une autre. C'est un
intermédiaire; mais il n'est pas l'intérêt capital dans
une nation. L'unique question est de savoir si l'entrave, ne nuisant pas au producteur, peut, dans un
cas donné, nuire au consommateur. Malheureusement, je dois le dire, la question est très-influencée
par le point de vue commercial, et c'est là ce qui
m'effraye. Si nous lisons les publications les plus ré-
centes sur la matière, nous les trouvons toutes aboutissant à la question commerciale.

Le livre (publié en 1859) de M. Amé, directeur
des douanes et des contributions indirectes à Bordeaux, est une dissertation sur les inconvénients de

l'échelle mobile et des droits variables, et à la fin on voit percer l'idée qu'il faut appeler le commerce des blés de la mer Noire, de la Baltique, des États-Unis, de l'Égypte, de l'Italie et de l'Espagne sur le marché de la France, nous offrir ainsi un mouvement d'affaires considérable, et conserver à nos villes du littoral les moyens de travail que leur assure le cabotage.

De même l'article de M. Vitalin, dans la *Revue des Deux Mondes* du 15 février dernier, dit « qu'il faut donner de l'essor à notre marine, qu'il faut que la France soit le marché de l'Europe pour les blés. »

La question commerciale, la marine au long cours, le cabotage doivent s'effacer devant les vrais principes de la question des céréales. Le blé, c'est la première source de la richesse du pays, le premier objet dont doit se préoccuper le gouvernement. L'agriculture, c'est l'emploi de nos forces vives pour l'alimentation générale. Il n'y a pas là place pour une question commerciale. J'appelle l'attention du conseil d'État sur ces grands intérêts, la production et la consommation. Autrefois, on parlait beaucoup de l'intérêt du consommateur ; ce qui me préoccupe le plus, c'est qu'aujourd'hui on ne parle même plus de cet intérêt. — Dans toutes les publications, il n'est jamais question du prix des blés au point de vue du consommateur, c'est au point de vue du commerce qu'on s'en occupe. Il est très-important que l'on se souvienne bien que ce qui est la base de la richesse nationale, c'est la question de la production et de la consommation ; c'est ce dont Voltaire lui-même s'inquiétait, lorsqu'il disait : « Oui, il faut la liberté des céréales, mais elle doit être aussi restreinte qu'encouragée. » Il avait raison ; c'est un commerce bien différent des autres : il s'agit de la richesse du pays et de son alimentation.

Si l'on s'en remettait au commerce du soin de l'alimentation du pays, n'y aurait-il pas un grand danger en cas de guerre ? Nous savons que les moments de guerre sont très-près souvent des moments de paix. Et si l'ennemi venait à compromettre les approvisionnements du pays, quels regrets alors ! Car on ne fait pas du blé comme on fait du fer. Dans l'espace de trois mois on a une tonne de fer ; il faut dix-huit mois pour faire une tonne de blé ! La France ne peut pas espérer d'être le marché de l'Europe. Quel intérêt aurait l'Angleterre à laisser débarquer les blés à Marseille pour les transporter par les voies ferrées, et puis les rembarquer à Cherbourg, Nantes ou ailleurs ? Je ne comprends pas cela. La France doit être son marché à elle-même ; elle doit se livrer à l'agriculture pour avoir des produits supérieurs à ses besoins pour assurer son alimentation. Songez qu'une grande partie de la France ne se nourrit encore que de pommes de terre. Nous avons donc beaucoup à faire ; laissons l'agriculture produire et se développer. Voilà ce qui doit nous préoccuper. Deux intérêts sont en présence, qui sont opposés en apparence, mais qui ne le sont

pas en réalité, la production et la consommation ;
l'agriculture n'est pas assez égoïste pour demander
que tout lui soit sacrifié. Voilà pourquoi elle est
favorable au maintien d'une loi qui protége à la fois
la production et la consommation, qui a les yeux
ouverts sur la production comme sur la consommation, sans nuire ni à l'une ni à l'autre.

Lorsqu'on demande des droits fixes permanents,
c'est un égoïsme que je repousse au nom de l'agriculture. On les demande, pourquoi ? c'est pour offrir
plus de sûreté à la spéculation. Mais quand le pain
sera cher, quand un peuple affamé viendra demander
du pain, que ferez-vous de votre droit fixe ? Le ministre qui contre-signerait une loi établissant un
droit fixe se promettrait à lui-même de la violer.
Les droits variables sont conformes à la nature des
deux grands intérêts qu'il s'agit de couvrir, la production et la consommation ; les droits variables
résultent essentiellement de la nécessité d'assurer
l'alimentation. Enfin les droits variables sont la conséquence inévitable de la variation naturelle des prix
que la meilleure loi ne peut pas conjurer.

Le droit variable est un droit spécial, *sui generis*.
On demande pourquoi, pour les grains, il y a des
droits variables, lorsque tous les autres droits en
matière de douanes sont fixes ? C'est que la question
ici est tout autre. Il y a, suivant les circonstances,
dans le prix des grains, des variations de 300 pour
100. Et, quand il s'agit d'intérêts aussi graves que

ceux de l'alimentation du pays, il est impossible de
ne pas songer à conjurer, d'une part, la détresse du
producteur si le blé est à trop bon marché; d'autre
part, celle du consommateur si le blé est trop cher.
C'est à quoi la sagesse des nations a toujours pourvu;
car le système de l'échelle mobile a toujours été
pratiqué, et il le sera toujours. La seule chose à
savoir, c'est si ce sera par le gouvernement ou par la
loi que les droits seront établis.

J'ajouterai que, quelque législation qu'on fasse,
il est impossible de prévenir ou d'empêcher la variation des prix, qui tient à l'essence même des choses;
il faut bien, quant à cela, se soumettre à la Providence, qui nous donne ce qui lui plaît. L'homme
sème, et il ne sait pas ce qu'il récoltera. Dans les
mauvaises années, l'inquiétude s'empare de chacun,
et c'est surtout l'effet moral qui fait monter le prix
des blés; c'est tellement là un effet moral, que c'est
bien moins le blé qui entre qui fait baisser les prix,
que le blé qui peut entrer. Le négociant envisage
toujours cette dernière prévision.

Je dis donc qu'il est indispensable qu'il y ait des
droits protecteurs et que ces droits soient variables,
parce qu'ils suivent une situation que vous ne pouvez pas dominer.

Quelque sage que soit la loi, jamais vous ne par-
viendrez à empêcher des variations considérables.
C'est un reproche qu'on a fait à la loi de l'échelle
mobile, en disant que, malgré elle, le prix a été

souvent très-bas. Ce reproche est injuste ; le bon marché a été le résultat de l'abondance : s'il y a beaucoup de blé, tout le monde en profite ; mais il ne faut pas que le marché soit inquiété par la crainte de l'entrée des céréales étrangères.

M. LE PRÉSIDENT. — Vous avez reconnu que les droits variables peuvent avoir un inconvénient pour le commerce ; votre dernière observation tendrait à demander que le marché ne fût pas trop étendu ?

M. LE MARQUIS D'ANDELARRE. — Il faut distinguer entre le commerce extérieur et le commerce intérieur. Le commerce intérieur a intérêt au maintien de l'échelle mobile, à n'avoir devant lui que le marché français ; le commerce extérieur, au contraire, a intérêt à ce que l'échelle mobile n'existe pas, parce qu'il pourra alors acheter d'une manière certaine. Voilà pour le négociant qui fait des approvisionnements sur le marché français.

Aujourd'hui, le commerce, placé entre les deux systèmes, est paralysé par cette situation incertaine et par l'appréhension de la libre entrée des grains.

Telle est la cause de la détresse de l'agriculture, qui souffre non pas tant de l'importation réelle que de celle qui pourrait s'effectuer. Il ne peut pas y avoir de spéculation à long terme en présence d'une entrée qui peut paralyser toute opération commerciale.

(M. le marquis D'ANDELARRE, député au Corps législatif ;
déposition devant le conseil d'État.)

CONSIDÉRATIONS AU POINT DE VUE PRATIQUE.

M. Darblay jeune.

Comme je crois pouvoir le démontrer bientôt, tout autre système aurait plus d'inconvénients qu'en a l'échelle mobile pour les opérations commerciales. Toutefois, cette opinion n'exclut pas les améliorations qui peuvent être apportées au régime actuel. Bien que je me présente ici comme commerçant, je suis non-seulement partisan de l'échelle mobile, mais très-désireux qu'il n'y ait de modifications que dans les détails de la loi, et qu'il n'y en ait pas du tout dans son principe; autrement dit, mon opinion est que le droit variable soit conservé.

Dans les réponses qu'il me reste à faire aux questions qui ont été posées, j'aurai à revenir sur les avantages de l'échelle mobile et à en démontrer la vérité et l'importance.

Le maintien d'un système de droits variables me

paraît indispensable, par la raison qu'à mes yeux tout autre système *légal* est impossible, ainsi que cela ressortira de mes réponses aux questions 11, 12, 13 et 14.

Il sera facile, lorsqu'une fois le gouvernement aura prononcé sur le système qui lui semblera préférable, de simplifier et d'améliorer celui de l'échelle mobile.

En modifiant les prix limites, en diminuant le nombre des classes et des sections, en ne faisant, par exemple, que deux classes, l'une au midi et l'autre au nord, et aboutissant toutes deux à la Garonne et au Doubs.

Le nombre des marchés régulateurs pourrait être facilement augmenté; j'y trouverais même un avantage au point de vue de l'exactitude de la mercuriale.

La facilité des communications soit par la poste, soit au besoin par le télégraphe, permettrait d'établir les mercuriales beaucoup plus promptement que précédemment; mais je ne serais pas partisan de faire varier le droit moins fréquemment qu'actuellement; ce serait, suivant moi, un tort, surtout au point de vue de l'exportation. Dans les années de cherté, cela provoquerait encore des mesures extra-légales qui sont toujours fâcheuses, surtout lorsqu'il s'agit du commerce des grains, dont le gouvernement, je crois devoir le dire, doit se mêler le moins possible, laissant agir la loi de manière à ce que le commerce puisse, en toute sécurité, baser sur elle ses opérations, déjà assez chanceuses par elles-mêmes.

Mais avant de s'occuper de ces détails, il est convenable que le gouvernement soit fixé sur le maintien du droit variable.

J'ai dit, à l'occasion de la neuvième question, que le système du droit variable devait être maintenu (en améliorant la loi, bien entendu), parce que le régime dans lequel l'exportation serait rendue libre en tout temps, et l'importation soumise à un droit fixe permanent, me semblait impossible.

En effet, il ne faut pas perdre de vue qu'à côté de l'avantage existe l'inconvénient; le voisinage de l'Angleterre, qui consomme beaucoup plus qu'elle ne récolte, nous est certainement avantageux dans les années d'abondance par le débouché prompt et facile qu'il nous présente; mais, par contre, cette facilité d'exportation a son danger dans les années de disette.

Les besoins de l'Angleterre deviennent alors plus impérieux; elle sent le besoin d'assurer promptement ses approvisionnements.

Laisserons-nous, dans ces années où nous avons besoin aussi d'importation nous-mêmes, nos portes toutes grandes ouvertes à la sortie de nos blés pour aller chercher ce qui nous manque, plus ce que l'on nous aurait enlevé, soit en Amérique, soit dans la mer Noire? (Je ne parle pas de la Baltique, car l'Angleterre est mieux placée que nous pour acheter ses blés.)

N'apercevez-vous pas ce qu'il y aura de dangereux dans ce trafic, dans cet échange !

Dès que l'apparence d'une mauvaise récolte se présenterait, vous verriez le commerce anglais enlever nos blés sur toutes vos côtes et même de l'intérieur de la France ; car au moyen des voies ferrées, les blés ou farines se transportent facilement, et pour compenser cette exportation si prompte et aussi le déficit de notre propre récolte, vous serez forcés d'aller chercher des blés en Amérique et dans le Levant. Mais l'on peut certainement faire six voyages et plus de nos ports français de l'Océan aux côtes de l'Angleterre, contre un voyage d'Amérique ou d'Odessa ; ainsi, il faudrait six fois plus de temps à la France pour se procurer le nécessaire, qu'il n'en faudrait à l'Angleterre pour le lui enlever. Aucun gouvernement prévoyant ne voudrait se placer dans de telles conditions et s'exposer à de telles éventualités.

Maintenant, est-il besoin de dire que, dans ces circonstances, le gouvernement ne manquerait pas de s'alarmer ? mais, malgré les mesures auxquelles il pourrait avoir recours, si, comme cela arrive dans certains hivers, la navigation de la mer Noire devenait impraticable, que deviendrions-nous alors ?

Non, messieurs, non, vous n'irez pas proposer au gouvernement quelque chose d'aussi dangereux : il suffira de se reporter en arrière de trois à quatre années, alors que le blé valait 30 à 35 francs l'hectolitre, alors que la prohibition d'exportation avait été décrétée. Si, dans ces circonstances, l'on fût venu demander de lever la prohibition, de rendre libre la sortie, vous eussiez, et avec raison, repoussé une semblable demande.

Les temps sont changés. Deux bonnes récoltes nous ont ramené l'abondance et l'on oublie complétement ce qui nous préoccupait si fort alors; l'on oublie qu'à cette époque l'on jugeait, l'on regardait comme certain que le blé ne pouvait plus jamais être à bon marché en France; l'on oublie que, périodiquement, nous avons de bonnes et de mauvaises récoltes; l'on oublie que, quoi que l'on fasse, dans ces circonstances, le commerce seul, cependant, peut venir au secours du pays, qu'il y a des variations de prix, des embarras, des paniques que le législateur doit prévoir et dont il doit se préoccuper à temps.

Pour régler l'avenir, tenons compte du présent, ne nous laissons pas, surtout pour les subsistances, entraîner à des théories dangereuses; profitons de l'expérience résultant des faits, améliorons ce que nous avons, ne le jetons pas de côté pour mettre à la place quelque chose que tardivement nous reconnaîtrions mauvais, car il pourrait n'être plus temps.

Je crois avoir démontré que la liberté d'exportation est impossible. Que faire alors? Pouvez-vous mettre aussi un droit fixe à la sortie, en même temps qu'un droit fixe à l'entrée? Non, pas davantage, car ce serait une mesure fiscale qui n'aurait pour résultat, ni de protéger le producteur, ni de rassurer le consommateur. D'ailleurs ces deux droits fixes ne peuvent exister ensemble.

Que ferez-vous donc? Vous réserverez-vous quand vous jugerez l'exportation dangereuse pour le pays de la prohiber par des décrets ou tout au moins de la modérer par un droit? Mais alors, pour ne pas tomber dans une contradiction aussi dangereuse qu'absurde, vous serez forcés de lever votre droit protecteur à l'entrée, en même temps que vous en aurez décrété un restrictif à la sortie.

Que deviendra alors votre loi? qu'en restera-t-il? rien absolument, et vous retombez sous le régime des décrets.

Non, messieurs, vous ne pouvez, dans un pays où les récoltes sont aussi variables, dans un pays placé à la porte de l'Angleterre, vous ne pouvez protéger en même temps notre agriculture et le consommateur que par un droit mobile à l'entrée comme à la sortie, variable suivant les prix à l'intérieur, en un mot, par cette échelle mobile qu'on traite si légèrement malgré tout l'avantage qu'en a retiré notre pays depuis 1832.

Cette loi, il est vrai, n'a pas empêché que parfois nous ayons eu des prix trop bas ou trop élevés, mais lorsque cela est dû à nos récoltes ou surabondantes ou insuffisantes, que voulez-vous que la loi puisse faire? Quoique vous fassiez, vous ne parerez pas à cela à moins que ce ne soit par la spéculation

et en exigeant que les boulangers de toutes les villes
de France aient un approvisionnement de farines à
l'instar de celui de Paris, ainsi du reste que cela a été
décrété il y a quelques mois. Mais pour qu'une mesure semblable soit efficace, il ne faut pas que vos
ports restent ouverts. Il faut, lorsque vos récoltes sont
abondantes, que l'importation soit modérée par un
droit protecteur variant suivant les circonstances,
autrement vous ne ferez qu'attirer chez vous les blés
étrangers pour les mettre en magasin à vos frais et
risques et envoyer très-inutilement vos écus en
Russie.

Mais il faudrait, pour que ce mode d'approvisionnement ne fût pas dangereux au suprême degré, il
faudrait, dis-je, qu'il fût soumis à des règles d'après
lesquelles l'approvisionnement serait augmenté ou
diminué suivant les mercuriales, car s'il était loisible
à l'administration de mettre en consommation les
quantités de farine ou de grains conservées en magasin par les boulangers ou par les municipalités, le
commerce, continuellement sous le coup de ce que
j'appellerais l'épée de Damoclès, serait obligé dans le
temps de cherté de s'abstenir complétement.

Aussi, et c'est le système d'approvisionnement
que je prône depuis longtemps, il est indispensable
que, quant aux quantités à mettre dans les magasins
ou à en retirer, il soit établi une règle, je dirai même
une échelle mobile, et que de cette sorte l'approvisionnement soit diminué ou augmenté suivant les varia-

tions de la mercuriale et non à la volonté de l'administration ; dès lors, en effet, l'approvisionnement à
l'intérieur ne présente plus le danger que je signale
plus haut, et conserve tous ses avantages ; car je crois
devoir le faire remarquer, il en coûterait bien moins
au pays de garder sur place les blés indigènes lorsqu'ils seraient à très-bas prix, que de les exporter
dans de telles circonstances, pour les faire rentrer,
lors même qu'on ne les payerait pas plus cher.

Et dans le cas où l'on ne pourrait les reprendre
à l'étranger qu'à des prix beaucoup plus élevés, l'approvisionnement que je propose présente des avantages bien plus décisifs.

Que l'on calcule, en effet, la perte que le pays
éprouve lorsqu'après avoir fait sortir du blé à 15 ou
16 francs l'hectolitre, il le fait rentrer à 30 francs.
C'est pour lui une perte de 100 pour 100, même
sans y comprendre 20 à 25 pour 100, pour les transports et les autres frais.

Or, par un bon système d'approvisionnement à
l'intérieur, l'on éviterait incontestablement la plus
grande partie de cette énorme perte ; mais encore
une fois, il est indispensable que ce mode d'approvisionnement soit soumis, par ses variations en plus
ou en moins, à des règles fixes et non à la volonté
administrative.

Je regrette d'insister autant sur ce point ; mais,
suivant moi, il est capital ; car, en dehors des garanties qu'il assure, le commerce des grains, je le répète,

se trouverait complétement paralysé dans les années de cherté, c'est-à-dire précisément dans le temps où il est le plus nécessaire qu'il se développe pour venir en aide au pays.

Ce que je viens de dire en rapport à la onzième question peut s'appliquer à celle-ci. Nous avons jusqu'à présent des récoltes très-variables en France; il faut donc que tour à tour le producteur et le consommateur soient protégés : vous ne pouvez le faire que par un droit variable à l'entrée comme à la sortie.

Quant à la liberté complète, elle est tout aussi impossible que le droit fixe. Cette liberté ne résisterait pas une année aux prix trop bas, car l'agriculteur réclamerait, et encore moins à des prix très-hauts, car le consommateur crierait, et alors le gouvernement interviendrait par des décrets.

Le commerce ne gagnerait rien au régime de la liberté. Mieux vaut pour lui les variations de l'échelle mobile, qui lui permettent de prévoir jusqu'à un certain point et quelques semaines à l'avance, qu'un régime de décrets qui viendraient le frapper à l'improviste : et on ne pourrait se dispenser d'en faire.

Quant à l'agriculture, elle n'a qu'à perdre à un changement de régime, cela est évident.

Pourquoi l'Angleterre n'a-t-elle pas de droits à la sortie? C'est qu'étant un pays continuellement importateur de céréales, les prix, à bien peu d'exceptions près, y sont toujours plus élevés qu'ailleurs; par conséquent l'Angleterre ne peut pas craindre qu'on vienne chercher chez elle des quantités suffisantes pour diminuer sensiblement son approvisionnement.

On reproche à la loi de l'échelle mobile de n'avoir pas assez protégé l'agriculture. On dit que sur vingt-cinq années nous en avons seize ou dix-sept où les prix n'ont pas été rémunérateurs ; mais, comme je l'ai dit, quand l'abondance ou pour mieux dire la surabondance est le résultat de la récolte indigène, que voulez-vous que fasse le droit protecteur ? Il ne peut rien.

Croit-on que si nous eussions eu un droit fixe de 2 à 3 francs par hectolitre à l'entrée, on eût évité l'avilissement des prix ? Mais le droit pendant toutes les années de bon marché a été de plus de 6 francs ; s'il eût été de 3 francs, c'est-à-dire moitié moindre, les prix auraient été d'autant plus bas pendant cette période d'abondance et de bon marché. Car un droit de 6 francs doit nécessairement protéger plus qu'un droit de 3 francs et à plus forte raison qu'un droit de 2 francs.

Comme pour toute autre industrie, la protection est nécessaire à l'agriculture contre des concurrents qui ont la matière première et la main-d'œuvre à meilleur marché qu'elle. En quoi la liberté pourrait-elle améliorer sa position ?

Avec l'échelle mobile lorsque la récolte est abondante et les blés à bas prix, plus de droits à la sortie, par conséquent liberté complète ; à l'entrée, au contraire, un droit plus élevé du double, peut-être du triple que ne le serait tout droit fixe ; peut-il y avoir quelque chose de plus favorable pour le producteur agricole ?

Si l'échelle mobile était rapportée, ou vous rendriez l'exportation libre, ou vous mettriez un droit fixe, ce qui par parenthèse serait une contradiction, un droit fixe existant aussi à l'entrée ; si, dis-je, vous mettiez un droit fixe à la sortie, aujourd'hui que les prix sont bas, quelque minime qu'il fût, ce droit ne serait-il pas toujours trop élevé ? N'apporterait-il pas une entrave à l'exportation ? Et cependant si vous n'en mettiez pas, c'est que vous vous réserveriez d'en décréter un lorsque vous le jugeriez (je le dis en bonne part) à propos, ou bien même vous prohiberiez l'exportation ; et moi, commerçant, vous prétendez que je gagnerais à ce système, que j'appellerais le système de l'imprévu : non certes, je n'y gagnerais rien, rien que la ruine, et, par prudence, il me faudrait me croiser les bras ; quant à l'agriculture, j'ai démontré qu'elle ne pourra que perdre au change.

En résumé, un droit fixe à l'entrée, qui aurait pour but de protéger l'agriculture, me semble une impossibilité ; sur quoi baserait-on ce droit fixe ? serait-ce sur le prix de 15 francs l'hectolitre ou sur celui de 39 francs ?

Dans le premier cas, il faudrait, pour que la protection fût efficace, que le droit ne fût pas moindre de 5 francs ; et, dans le second cas, quel qu'il fût, il serait toujours trop élevé.

Mais, dira-t-on, c'est en vue de prix moyens en France que nous voulons un droit fixe, et alors ce droit peut être modéré et ne pas s'élever à plus de 2 ou 3 francs.

Eh bien ! je pose en fait qu'un droit de 3 francs, lorsque les prix atteindront la moyenne, ne sera pas une protection plus efficace pour notre agriculture que lorsque les prix seront très-bas ; je dirai même que la position sera beaucoup plus désastreuse pour l'agriculteur.

En effet, lorsque les prix sont très-bas, il y a lieu de croire que c'est le résultat d'une bonne récolte indigène, et alors, d'une part, le cultivateur trouve jusqu'à un certain point, dans la quantité, une compensation aux bas prix ; et, de l'autre, il craint moins de voir les blés étrangers arriver en abondance ; mais, par contre, lorsque les prix atteignent la moyenne (20 francs l'hectolitre, par exemple), il y a lieu de croire aussi que cela est dû à une récolte moins abondante ; le cultivateur doit donc trouver alors dans l'augmentation du prix auquel il vend son blé compensation à une récolte relativement moindre en quantité.

Avec un droit fixe à l'entrée, cette augmentation même deviendra pour lui une cause de perte, puisqu'elle encouragera d'autant plus l'importation des blés étrangers, qui naturellement feront baisser le prix des blés indigènes.

Laissons donc l'agriculture, à l'exemple de nos industries manufacturières, grandir et se fortifier à l'abri de cette loi tutélaire, et, quand nos champs seront tous cultivés, engraissés comme ceux de l'Artois, du Pas-de-Calais, du Nord, alors nous verrons si nous pouvons lutter avec les grands propriétaires de la Russie et leurs serfs.

Mais ne nous pressons pas; n'allons pas, en nous hâtant, changer nos terres cultivées en landes stériles, et par contre fertiliser les steppes de la Russie.

(M. DARBLAY jeune, député au Corps législatif; déposition devant le conseil d'État.)

CONSIDÉRATIONS AU SUJET DE LA LIBERTÉ ABSOLUE, QUI SERAIT REPOUSSÉE AUTANT PAR LE CULTIVATEUR QUE PAR LE CONSOMMATEUR.

M. Buffet.

Partout, en France, aujourd'hui, l'opinion des cultivateurs est formellement contraire à la complète liberté d'importation.

Et indépendamment de cette opinion, qui peut, dans beaucoup de cas, se laisser égarer, je vous ferai remarquer qu'il y a ici deux opinions à considérer : que, si aujourd'hui l'opinion bien ou mal fondée des producteurs est un grave obstacle à l'établissement de la liberté d'importation, l'opinion des consommateurs, des masses ouvrières serait, le cas échéant, un très-grand obstacle aussi au maintien absolu de la liberté d'exportation ; de telle sorte que, la question ayant deux faces, la liberté d'importation qui peut être pour le cultivateur une cause de perte, et la liberté d'exportation une cause de profit, il pourrait parfaitement arriver que l'agriculteur, après avoir subi l'inconvénient, ne jouît pas de l'avantage. Le passé, messieurs, ne justifie-t-il pas cette prévision et cette crainte ?

Il n'entre pas dans ma pensée de faire ici la critique des mesures qui ont été adoptées dans la dernière crise ; mais, je suis obligé de constater qu'on n'a pas cru pouvoir maintenir la liberté d'exportation, non pas sans droits, mais avec des droits si élevés que cette liberté était purement spéculative, et alors que, même affranchie de toutes restrictions, le haut prix des grains à l'intérieur en aurait rendu l'usage impossible. Comment donc êtes-vous assurés de respecter désormais dans tous les cas la liberté d'exportation sans droits, après l'avoir supprimée, dans une occasion si récente, malgré les droits énormes qui en entravaient l'exercice ?

Cette mesure restrictive n'a pas été la seule. On a aussi défendu la distillation des grains. C'était encore une atteinte portée au principe de la liberté. Je le répète, je ne critique rien ; ces mesures étaient peut-être exigées par l'opinion. Je constate simplement, en fait, que, pendant les années que nous venons de traverser, le gouvernement, soit d'après le jugement qu'il portait sur le fond des choses, soit en tenant compte de l'état des esprits, n'a pas cru qu'il pût abdiquer toute intervention en pareille matière et abandonner entièrement l'approvisionnement du pays à la libre action des intérêts privés. Est-il bien certain que l'on n'agirait pas de même à l'avenir? et l'agriculture ne doit-elle tenir aucun compte de cette éventualité?

(M. Buffet, ancien Ministre du commerce; déposition
devant le conseil d'État.)

THÉORIE DES SOCIÉTÉS SECRÈTES AU SUJET DES CÉRÉALES.

M. Dumas.

J'ai entendu des personnes qui s'y connaissaient, faire la théorie de nos révolutions avant 1848, notez-le bien. Je crois véritablement que, dans les sociétés secrètes, le souvenir ne s'en est pas perdu.

Quand on veut renverser un gouvernement, disait-on, il faut y préluder en temps de disette ; la population des campagnes et celle des villes souffrent beaucoup alors, et il est très-facile de les exciter contre les accapareurs, de susciter une émotion sur un point quelconque du pays. Le gouvernement est entraîné ainsi à faire de grands efforts pour abaisser le prix des grains : il favorise les importations, soit par lui-même, soit par les commerçants qu'il excite au delà de la mesure nécessaire, comme au temps de Necker ; on voit entrer dans le pays une grande quantité de grains. D'un autre côté, comme le prix

des grains s'est élevé en raison de la disette et des
efforts mêmes employés pour la conjurer, les cultivateurs augmentent beaucoup la proportion de leurs
semailles. Quand la Providence permet que les saisons redeviennent propices, il se trouve que de
grandes quantités de grains ont été introduites dans
le pays ; que la récolte est abondante, à la fois parce
qu'il a été beaucoup semé et beaucoup récolté, qu'il
y a donc un stock considérable. En outre, comme il
est sorti beaucoup d'argent pour aller chercher les
grains étrangers, il survient à la fois une crise mé-
tallique qui affecte les petits marchands dans les
villes et qui ruine les manufacturiers, et une crise
de grains qui affecte les campagnes, car l'abondance
extrême des grains les fait tomber tout à coup à un
bon marché déplorable, de manière qu'après la
souffrance occasionnée par la disette survient une
autre souffrance, bien plus générale peut-être, cau-
sée par l'abondance, puisque les villes et les campagnes, les ouvriers des usines et ceux de l'agriculture la supportent à la fois. C'est en prenant bien
leur temps, lorsque ces deux situations se sont des-
sinées, que les partis peuvent exercer sur le gouvernement la plus dangereuse pression.

Les personnes qui, dans les sociétés secrètes, ex-
pliquaient cette théorie des révolutions, s'appuyaient
sur les événements de 1830. Elles pourraient y
ajouter ceux de 1848, pour montrer que la pratique
et la théorie sont d'accord. Nous en conclurons que,

lorsqu'on est libre de se préoccuper des conséquences politiques que peuvent avoir les résultats relatifs aux récoltes, il est bon de considérer, en vue de l'action ténébreuse des partis, les circonstances qui pourraient survenir quand se produiront de nouvelles disettes, suivies de nouvelles années d'abondance, et des crises métalliques qui les accompagnent constamment.

Dire que nous sommes en mesure d'établir la liberté du commerce des grains, ce serait dire que nous sommes dans un pays calmé, par les siècles, au point de vue du gouvernement qui le régit, comme l'est l'Angleterre. Cela sera vrai un jour, et permettra, sans doute, d'y établir le commerce des grains sur le pied de liberté où l'Angleterre le possède aujourd'hui, mais ce n'est pas encore vrai maintenant.

(M. Dumas, sénateur, membre de l'Institut; déposition devant le conseil d'État.)

M. Demesmay.

M. le Président. — Vous pensez que l'échelle mobile doit être maintenue ? Est-ce l'opinion générale des cultivateurs de votre pays ?

M. Demesmay. — Il y a unanimité, sur ce point, à la chambre d'agriculture ; il y a unanimité au comice de l'arrondissement de Lille ; il y a unanimité dans toutes les sociétés d'agriculture du département du Nord.

M. le Président. — C'est là, sans doute, une chose considérable.

M. Demesmay. — Nous savons que la plupart du temps notre blé n'ira pas en Angleterre, parce que nous avons une population considérable, qui absorbe ordinairement notre récolte. Notre production, il est vrai, est croissante ; mais la population croît dans la même proportion. Ce ne sera pas toujours comme dans les dernières années, où le département du Nord, comme les autres, ne s'est pas accru. Cette augmentation de population se produira bientôt, nous l'espérons, ou il faudrait craindre que les bras ne vinssent à manquer pour le travail des champs.

(M. DEMESMAY, propriétaire agriculteur dans le département du Nord ; déposition devant le conseil d'État.)

L'OPINION DE LA CULTURE EST POUR LE PRINCIPE
DE L'ÉCHELLE MOBILE.

M. Roques Salvaza.

Jamais à mon avis l'extension du commerce extérieur ne pourra remplacer avec une constante sécurité, les produits de l'agriculture nationale. C'est chez nous, non hors de chez nous, que nous devons organiser et assurer notre alimentation.

En résumé, je ne crains pas de dire que l'opinion générale des pays agricoles, au moins du mien, veut énergiquement le maintien de l'échelle mobile, sauf les modifications que l'expérience et le progrès peuvent réclamer, et qu'en supposant, ce que je ne puis admettre, une supériorité théorique du système de la liberté plus ou moins restreinte par des droits fixes, ce système est trop antipathique à ces populations agricoles, pour qu'on puisse le leur imposer. La bonne politique évite de heurter les intérêts généraux

même dans leurs préjugés ou leurs erreurs. Elle doit
toujours en tenir un grand compte, et, même dans
la voie du bien, elle ne doit procéder qu'avec de
grands ménagements.

Les populations agricoles ont jusqu'ici formé le
fondement principal et la défense la plus solide de
l'édifice social; évitons qu'elles nous accusent de les
sacrifier aux populations urbaines. Dans les temps
de commotions sociales, elles doivent, au contraire,
servir de contre-poids.

> (M. ROQUES SALVAZA, propriétaire agriculteur, membre du
> conseil général d'agriculture, député au Corps législatif;
> déposition devant le conseil d'État.)

LES DEUX TIERS DES CULTIVATEURS SONT FAVORABLES
AU PRINCIPE DE L'ÉCHELLE MOBILE.

M. Barral.

M. LE PRÉSIDENT. — Pour vous, qui êtes en relation avec un grand nombre d'agriculteurs, pensez-vous que l'échelle mobile soit encore assez populaire dans les esprits pour que les populations voient avec peine la suppression de l'échelle mobile et la substitution d'un droit fixe. Quel est l'état de l'opinion agricole sur ce point?

M. BARRAL. — L'opinion agricole est plutôt favorable à l'échelle mobile. Cependant cette opinion est notablement ébranlée depuis quelque temps.

M. LE PRÉSIDENT. — Ainsi, il y a un mouvement favorable à la suppression de l'échelle mobile?

M. BARRAL. — Oui ; car tout le monde demande sa modification profonde, la modification des zones, et d'autres modifications encore.

Un Membre. — Des modifications de détail. Depuis seize ans, tout le monde reconnaît qu'il est devenu nécessaire d'accorder des modifications au jeu de l'échelle mobile. Mais le principe lui-même est-il considéré comme devant être abandonné? Est-ce là l'opinion des populations rurales dont vous êtes l'organe très-autorisé et très-éclairé?

M. Barral. — Les deux tiers sont pour l'échelle mobile, c'est fâcheux, c'est contre mon opinion ; maintenant il y a un tiers qui reconnaît que l'échelle mobile ne peut rien produire et ne produit plus rien ; je crois qu'en continuant à essayer d'éclairer, comme je l'ai fait, avec une grande prudence, on pourra peu à peu arriver à la liberté. C'est peu à peu que j'ai montré l'insuffisance de la loi, et alors un grand nombre se sont rangés à mon opinion, mais dans la proportion seulement d'un contre deux.

(M. Barral, rédacteur en chef du *Journal d'agriculture pratique*: déposition devant le conseil d'État.)

DANGER DE RENONCER A LA CULTURE DU BLÉ.

M. Aymé.

Si, déjà, aujourd'hui, au prix où se vend le blé, le producteur n'est pas suffisamment rémunéré, n'y aurait-il pas à redouter qu'avec la concurrence étrangère, cette rémunération trop faible ne fût encore diminuée? Alors le découragement ne viendrait-il pas? Ne serait-on pas obligé de renoncer à la culture des céréales ?

Un Membre. — Voilà ce que l'on craint.

M. Aymé. — Oui, voilà ce que l'on craint; et, dans notre pays des Vosges que ferons-nous de nos terres, si nous ne sommes pas en position de vendre notre froment à un prix rémunérateur? Je ne sais ce que nous pourrions mettre à la place. Nous n'avons pas de cultures spéciales; nous avons demandé, à titre provisoire, du moins, l'autorisation d'avoir des cultures de tabac. M le directeur général nous a ré-

pondu qu'il n'en avait plus à donner. Je craindrais
qu'avec une telle situation, dans un temps peu
éloigné, bon nombre de terres ne restassent incultes.

Un Membre. — Est-ce que votre culture n'est pas
susceptible de transformation? Est-ce que vous ne
pourriez pas faire des herbages, des vergers, l'élève
des bestiaux ?

M. Aymé. — Pardon, dans une partie du départe-
tement nous faisons tout cela. Notre département se
divise en deux zones : la montagne où nous avons ce
genre de culture que vous indiquez, des herbages,
des bestiaux, et, avec cela, de grandes manufactures
et l'industrie dans de bonnes conditions. Mais, dans
la plaine, dans les arrondissements de Neufchâteau
et de Mirecourt, il n'y a pas l'ombre de ressemblance
avec la montagne, au point de vue de la culture.
Nous n'avons là que l'agriculture, à proprement parler, et, si elle venait à nous échapper, je ne vois pas
ce qui nous resterait. Quant à la transformation en
herbages, nous y poussons aussi; c'est la pensée du
comice agricole. Nos terres y conviennent assez, si-
tuées qu'elles sont dans de riches vallées; nous faisons des bestiaux; nous encourageons la création
des prairies nouvelles ; mais tout cela n'est pas encore dans les habitudes de nos populations.

Quant à nos vergers, nous en avons pour les besoins du pays et au delà dans de bonnes conditions ;
nous avons de beaux et bons fruits.

On a beaucoup défriché dans les Vosges, et, à

l'heure qu'il est, nous croyons qu'il faut s'arrêter dans cette voie ; nous avons déjà trop de terres livrées à la charrue. Je le répète, si la culture des céréales venait à nous échapper, nous serions dans une triste situation.

Je ne tenais, en me présentant devant vous, qu'à vous exprimer l'opinion du pays que j'ai l'honneur de représenter, c'est-à-dire à vous exposer, autant que possible, la situation de son agriculture. Je crois être l'organe de la population en priant le gouvernement de porter son attention sur la protection nécessaire à notre production agricole, et en lui déclarant que, dans la pensée de notre pays, le système de l'échelle mobile, revu et modifié dans le sens que j'ai dit, pouvait produire la protection que nous désirons.

(M. Aymé, député au Corps législatif ; déposition
devant le conseil d'État.)

DROIT FIXE.

M. Dumas.

J'avoue qu'ici, en homme de pratique, je ne comprends pas bien comment un droit fixe pourrait être établi d'une manière permanente à l'entrée des grains. Je sais bien que c'est une manière de maintenir intacte la théorie de la liberté du commerce des grains que de dire que le droit fixe dont on frapperait les grains à l'entrée est un droit fiscal; que, par conséquent, l'intervention de ce droit ne toucherait en rien à la doctrine.

Mais je prends l'affaire au point de vue pratique. Ayant eu à supporter une responsabilité de ce genre, je sais ce que ferait tout ministre de l'agriculture et du commerce en pareille circonstance.

Lorsque les grains seront chers, et qu'il s'agira de favoriser l'alimentation du pays, tout ministre cherchera à obtenir des chemins de fer, des entreprises de navigations ou de canaux, des moyens de transport faciles ; il demandera qu'on baisse les prix pour que les blés arrivant dans un port, parviennent à meilleur marché dans l'intérieur du pays. Supposons que, par la persuasion ou par une pression plus ou moins forte, il obtienne des compagnies des sacrifices de ce genre, l'État pourra-t-il continuer à percevoir à l'entrée un droit fixe de 1, 2, ou 3 francs ? c'est absolument impossible. La première chose que fera le gouvernement, lorsque le prix des grains sera trop élevé, ce sera de sacrifier lui-même le droit qu'il pourrait prélever à l'entrée; il demandera sans doute aux personnes intéressées dans le commerce des grains ou dans les entreprises de transports, de faire leur sacrifice à la chose publique, mais il commencera d'abord par faire le sien.

Le droit à l'entrée est donc une fiction; il disparaîtra lorsque les grains seront parvenus à 30 francs l'hectolitre ; à 36 francs personne n'oserait plus proposer de le maintenir.

Il me paraît donc impossible de remplacer le principe de l'échelle mobile actuelle par un droit fixe permanent à l'importation. Sur ce point, je conclurai en disant que le droit à l'importation, qu'on appelle fiscal, sera faible, parce qu'il aura surtout été calculé en vue de la possibilité de le percevoir en temps de cherté et même de disette. Ce sera donc un droit qu'on n'aura pas calculé en vue de la quantité d'argent que chaque hectolitre de grains français paye au fisc, mais en vue de ce qu'on peut réclamer réellement de l'hectolitre étranger, sans paraître dur et sans entrailles, quand le grain entre en France, en temps de disette. On l'appellera fiscal, mais ce sera un droit de douane comme tous les autres, calculé seulement en vue de rendre sa recette possible.

Ainsi, ce droit ne sera pas fixe, parce qu'il disparaîtra dès que le prix des grains s'élèvera; et on retombera ainsi dans le principe de l'échelle mobile elle-même. Il ne sera pas fiscal; car la quotité n'aura aucun rapport avec le produit que le fisc tire réellement du grain français.

Je crois que de toutes les tentatives en vue de résoudre la question qui nous occupe, la moins heureuse serait donc celle qui consisterait à remplacer l'échelle mobile par un prétendu droit fixe et fiscal, qui ne serait ni fiscal ni fixe en réalité.

Sans être bien ancien dans l'administration de mon pays, j'ai vu pourtant bien des choses. Il en est une que je signalerai à votre attention.

Les questions de grains, lorsqu'on n'est pas trop pressé par les événements, sont toujours discutées avec une très-grande liberté d'appréciation. L'esprit français aime assez à débattre des théories. Dès que les événements marchent, cette liberté d'appréciation disparaît, et les cœurs se troublent. Nous ne savons pas supporter le spectacle de la misère, de la souffrance, et chacun s'étonne que le gouvernement n'intervienne pas pour les soulager, et qu'il se contente d'appliquer les lois faites en temps paisibles. En définitive, chacun, occupé du moment et de ses périls, fait son opinion alors en vue des événements, oubliant tout ce qu'il avait pensé et tout ce qu'on avait décidé. La question de salut public se pose, et tout cède devant elle.

Quand les blés manquent, on va en chercher à tout prix ; quand ils abondent, on cherche, à tout prix, à les placer de façon à faire cesser les souffrances de l'agriculture. Je me méfie donc beaucoup de ces recettes qui ont l'apparence d'être générales dans l'application, et qui, en présence des faits, disparaissent toujours complétement et comme des bulles de savon.

(M. Dumas, sénateur, membre de l'Institut; déposition
devant le conseil d'État.)

DROIT FIXE.

M. Buffet.

Le droit fixe a, en principe, toutes mes sympa-
thies. Malheureusement, plus j'y ai pensé, et plus il
m'a semblé difficile, ou pour mieux dire impossible
de le maintenir.

Remarquez bien quelle est la proposition que font
les partisans du droit fixe : un droit fixe, absolument
invariable à l'importation, avec la liberté d'exportation en tout temps.

Eh bien, messieurs, ce droit sera insignifiant, ou
plus ou moins élevé. S'il est minime, s'il est de
50 centimes par exemple (le droit anglais est de
0 franc 43 centimes), c'est la liberté complète; j'ai
dit pourquoi je la croyais impossible aujourd'hui.
S'il est un peu élevé, assez élevé pour être réellement
protecteur, vous ne pourrez pas le maintenir, je ne
dis pas dans les temps de vraie disette, cela est trop

évident, mais même aux époques de cherté. — Comment la loi résistera-t-elle alors au reproche de renchérir encore le blé déjà trop cher? Ce reproche, messieurs, serait fondé; car, si, dans les années de grande abondance, les forts droits à l'importation sont impuissants à relever les prix avilis par l'encombrement du marché, ils s'ajoutent bien réellement au prix de la marchandise, toutes les fois que la hausse est déterminée par une certaine insuffisance de la production intérieure.

Comment donc, dans ce cas, conserverez-vous à la fois le droit à l'entrée, qui élève réellement les prix, et la liberté de sortie, qui, dans l'opinion des masses, produit le même effet? Comment pourrez-vous laisser agir en même temps la liberté et la restriction dans un sens si contraire au vœu des consommateurs?

Je n'hésite pas à le dire : aucun gouvernement, aucune administration, placés dans une situation semblable, ne consentiraient à y rester. On peut décréter aujourd'hui le droit fixe; on le supprimera à la première cherté, cela est certain.

Je regrette sincèrement d'être conduit à cette conclusion : le droit fixe est impossible; j'y arrive malgré moi par l'impossibilité démontrée et désagréable de faire autrement.

On pourrait admettre, il est vrai (j'ai entendu parler de cette combinaison), que le droit serait fixe jusqu'à un certain prix, et qu'au-dessus de ce prix il disparaîtrait entièrement. Ce serait une échelle mobile à deux degrés.

La question se réduit alors à ceci :

Une certaine mobilité du droit étant reconnue nécessaire, vaut-il mieux n'avoir qu'un seul changement, mais considérable, ou une série de modifications graduées et peu sensibles? La question ramenée à ces termes, la réponse ne me semble pas douteuse.

Du moment où l'on est obligé de renoncer au droit immuable, je préfère les variations graduées aux soubresauts. Avec un droit qui disparaîtrait à un certain prix, vous auriez, dans bien des cas, les inconvénients notablement accrus de l'échelle mobile actuelle. En effet, lorsque les prix approcheraient du point où le droit devrait disparaître, il y aurait dans le commerce une incertitude, une hésitation extrême, qui paralyserait toutes les opérations. Il y aurait sans doute quelques spéculateurs plus avisés, plus intelligents, mieux renseignés, qui se risqueraient; mais la masse des commerçants attendrait. Vous auriez donc un retard dans les approvisionnements, et un trouble profond dans les transactions commerciales.

(M. Buffet, ancien ministre du commerce ; déposition devant le conseil d'État.)

DROIT FIXE.

M. Thénard.

On propose un droit fixe à l'entrée, avec autorisation de sortie en tout temps.

Je l'ai dit : l'exportation est un pis-aller au temps de surabondance, une inutilité dans les années moyennes, un danger dans celles de disette; d'ailleurs cette autorisation de sortie pour les années de surabondance et moyennes, l'échelle mobile nous l'accorde déjà; que nous donnerait donc la loi nouvelle? la sortie en temps de disette! C'est encore un leurre, car nous n'avons pas d'intérêt à sortir : on nous paye bien nos blés. Pour le coup, le remède serait pire que le mal.

Quant au droit d'importation fixe, quel en sera le taux?

Quelque faible qu'il soit par les années de disette, il sera désastreux, par les années moyennes et sura-

bondantes, s'il est prohibitif, il ira contre les sentiments qui ont inspiré cette enquête; s'il est faible, il
sera désastreux encore, car il nous achèvera ainsi la
famine dans un cas et la ruine dans l'autre; tel sera
son effet. Je comprends le libre-échange, je comprends
l'échelle mobile, mais je ne comprends pas le droit
fixe sur un point aussi variable que le blé.

Quant à l'échelle mobile, il faudrait l'inventer si
elle ne l'était pas. Je ne déduis pas les raisons; elles
sont assez connues.

(M. Thénard, membre du conseil général de la Côte-d'Or;
déposition devant le conseil d'État.

DROIT FIXE.

M. Lignières.

Examinons ce que pourrait être un droit fixe.

Si l'on veut faire quelque chose de sérieux pour l'agriculture, si l'on ne veut pas entrer résolûment dans le libre-échange, dans la liberté commerciale absolue, il faut nécessairement établir un droit fixe protecteur. Dans les années disetteuses, un droit fixe de 3, 4 ou 5 francs par hectolitre, serait, selon nous, une barrière infranchissable pour l'importation des blés étrangers.

Avec le système de l'échelle mobile, dans les années difficiles, un droit de balance de 25 centimes permettait l'importation des blés étrangers. Le chef de l'État trouvait même que ce n'était pas suffisant, et il avait raison, il offrait les ressources de sa marine, des remorqueurs allaient au-devant des blés étrangers, toute facilité était donnée au commerce.

Avec un droit fixe de 3, 4, 5 francs pour l'importation des blés étrangers, il y aurait, selon nous, un grand danger, car nous avons à considérer la question, non-seulement comme producteurs de céréales, mais aussi comme Français, et nous croyons qu'il pourrait être très-dangereux d'apporter, dans certaines circonstances, des entraves à l'importation des blés étrangers.

Dans les années abondantes, dans les grandes récoltes, s'il n'y a qu'un droit faible, évidemment les blés étrangers vont ruiner notre agriculture ou lui nuire grandement.

Dans les moments difficiles, le chef de l'État se préoccupant avant tout des grands intérêts de la sécurité publique et de l'approvisionnement en France, sera forcé de faire disparaître momentanément ce droit quel qu'il soit, comme cela est déjà arrivé, et d'interdire aussi la faculté d'exportation. Que produirait donc en définitive cette nouvelle législation ? Une espèce d'échelle mobile déguisée, à laquelle on adresserait, avec plus de raison, le reproche de n'avoir pas de stabilité.

Soyez-en convaincus, si notre agriculture française ne trouve pas son compte à produire du blé, partout où on pourra cultiver autre chose que des céréales, on le fera. Or, dans une année disetteuse, nous avons vu le déficit de la France s'élever à 10 millions d'hectolitres, et, cependant, l'agriculture était alors en pleine prospérité et suffisamment protégée par la législation.

Qu'arriverait-il si l'agriculture était découragée, si elle se livrait à d'autres cultures, si on modifiait ses conditions ?

Rappelons-nous que, pour combler à temps ce déficit de 10 millions d'hectolitres de blé, il a fallu tous nos capitaux, toute notre marine marchande et encore le secours de la marine de l'État.

Comme Français, encore une fois, nous ne croyons pas qu'il y ait prudence à décourager et à détourner notre pays de produire des céréales, et à faire dépendre son approvisionnement d'événements incertains. Il ne faut pas perdre de vue que nous ne sommes pas dans les mêmes conditions que d'autres pays.

Nous sommes avant tout mangeurs de pain, nos populations ne connaissent guère d'autre alimentation. La production du blé a donc droit à la plus grande sollicitude. Nous sommes convaincus que ces considérations sont de nature à frapper vivement vos esprits.

(M. LIGNIÈRES, ancien meunier ; déposition
devant le conseil d'État.)

DROIT FIXE.

M. de Ravinel.

L'importation soumise à un droit fixe permanent est chose impossible, car, quoi qu'on fasse, quand le blé sera cher, ce droit sera suspendu ou diminué; c'est alors l'échelle mobile, moins sa régularité et à coups de décrets; et croit-on que les incertitudes du commerce ne seront pas bien plus grandes, et qu'il ne sera pas toujours tenté, avant d'agir, d'attendre la suppression ou la diminution du droit?

Je me demande ensuite quel serait ce droit fixe? C'est un problème d'autant plus difficile à résoudre qu'il y a une variation extrême dans les prix. Comment l'établir sur une moyenne juste? dans les 40 dernières années on compte :

Années à bas prix	19
— à prix élevés	9
Total des années irrégulières	28
Années moyennes	11

Il n'est pas facile non plus d'imaginer un droit
fixe qui rémunère également toutes les situations
en France.

Ce droit unique commettrait une injustice pour
quelques-uns et serait un avantage pour d'autres.
Ce qui a popularisé, ce qui a fait croire au pays que
l'échelle mobile était ce qu'il y a de mieux et de plus
parfait, c'est précisément la variation des prix, qui
vient d'elle-même et sans secousse au secours de
toutes les positions. La fixité et la stabilité qu'on
réclame pour le commerce ne pourraient donc être
obtenues ni par un droit fixe, ni par la libre exportation. L'incertitude existerait également. Mieux
vaut le principe de l'échelle mobile, qui n'est atta-
qué ni par les cultivateurs ni par les consommateurs.

Quand une loi est mauvaise, ordinairement elle
est attaquée par tout le monde. La loi de 1832, au
contraire, est défendue aussi bien par ceux qui
achètent le blé que par ceux qui le produisent; pourquoi donc mettre son existence en jeu et ne pas se
contenter de faire disparaître les imperfections qu'on
y remarque?

Il est très-fâcheux qu'on ait soulevé cette question :
on n'en voyait pas la nécessité, cela a produit de
l'inquiétude. On a vu par derrière la question du
libre-échange, et c'est là un point qu'il est extrêmement délicat de toucher. Consciencieusement je man-
querais à mon devoir si je me taisais sur le décret

du 2 octobre, dont la légalité même a pu n'être pas comprise, parce que sa nécessité n'était pas apparente.

(M. DE RAVINEL, député au Corps législatif; déposition devant le conseil d'État.)

LA PROTECTION EST UNE GARANTIE D'INDÉPENDANCE.

LA LIBERTÉ N'AURAIT PAS PLUS POUR NOUS QUE POUR L'AN-
GLETERRE L'EFFET D'AUGMENTER LES EXPORTATIONS.

M. Burat.

Pour en revenir à la question qui nous occupe, il me semble qu'il y a un grand intérêt politique, un intérêt d'indépendance nationale à baser, autant que possible, notre alimentation sur les productions de notre sol. Avec la liberté, j'ai peur que nous ne nous mettions, jusqu'à un certain point, dans la dépendance de l'étranger. L'Angleterre, à cet égard, nous offre un enseignement que nous ne saurions négliger.

Avant le rappel des lois céréales, l'importation dans le Royaume-Uni était de moins d'un million de quarters. En 1851, 1852, années d'abondance, elle fut de plus de 6 millions de quarters ; en 1853, elle fut de 7 millions et demi de quarters ou 22 millions d'hectolitres ; les années suivantes, elle fut encore plus considérable, elle atteignit et dépassa 30 millions d'hectolitres ; de telle sorte que l'Angleterre en est arrivée à tirer régulièrement un tiers de sa consommation de l'étranger.

Ce n'est pas là une position très-digne d'envie. L'Angleterre est maîtresse des mers, et il faut qu'elle en reste maîtresse pour assurer son approvisionnement. Mais nous, nous ne sommes pas assurés d'avoir toujours la mer libre, et c'est une raison pour ne pas nous mettre dans la même situation.

On dira : Ce qui s'est passé en Angleterre ne se passera pas chez nous. Robert Peel aussi ne croyait pas à ce qui est arrivé, lorsqu'il proposait de réformer les lois céréales. « Les grandes importations dont on nous menace, disait-il, sont des chimères ; l'Angleterre s'approvisionnera toujours en grande partie par elle-même. » Il semblait ajouter d'une façon implicite que, s'il pensait qu'il en fût autrement, il ne présenterait pas son bill. Eh bien, contrairement aux prévisions de sir Robert Peel, l'Angleterre en est venue à tirer un tiers de sa consommation de l'étranger.

Ce qui s'est produit en Angleterre pourrait très-bien arriver chez nous, attendu que notre agriculture est plus pauvre, et que, n'ayant plus les prix rémunérateurs, elle serait forcée de déserter une culture ingrate.

Un Membre. — Croyez-vous qu'il y ait dans le

monde, en ce moment ou dans une perspective prochaine, assez de blés pour en fournir à la France indépendamment de ce qui est fourni à l'Angleterre ?

M. Burat. — On a nié qu'il y eût en Russie des ressources pour faire des importations notables. En Angleterre, c'était un des grands arguments des membres de la ligue. On avait calculé qu'il ne pouvait pas venir plus de quelques millions de quarters de la Russie.

M. le Président. — L'Angleterre tire aussi beaucoup de blé de l'Amérique.

M. Burat. — C'est vrai, mais la Russie est plus près de nous, et la production des céréales peut y prendre encore une grande extension. Il a été constaté que, dans ce pays, il y avait des contrées privées de débouchés où le blé était à 4 ou 5 francs l'hectolitre. Les moyens de transport manquaient; mais la Russie construit des chemins de fer. On ne peut pas connaître les limites de cette production, il y a là un inconnu sur lequel il ne faudrait pas se fier. Il pourrait nous venir de Russie des importations plus considérables qu'on ne croit.

Un Membre. — Oui, mais dans un délai assez long.

M. Burat. — Pas trop long. Dans ce moment-ci les chemins de fer se font vite.

Je ne vois pas pourquoi, quand nous achèterions plus de céréales, on nous demanderait plus de soieries, de tissus de laine ou de coton, plus d'articles de luxe, dont les débouchés ne s'élargissent pas à volonté. L'Angleterre, à cet égard, nous offre encore un enseignement.

Les exportations des produits britanniques se sont très-rapidement accrues dans ces dernières années; mais cet accroissement est-il dû à la réforme des céréales? Je ne le crois pas, et quelques chiffres en fourniront la preuve.

Si c'était au rappel des lois céréales que l'Angleterre dût l'augmentation de ses exportations, cette augmentation se serait naturellement manifestée dans son commerce avec les parties du monde d'où elle tire les grains; or c'est le contraire qui est vrai.

En 1853, l'Angleterre a acheté pour 540 millions de céréales à l'étranger, sur lesquels 377 millions en Europe, et 163 millions dans les autres parties du monde.

Les exportations britanniques pour l'Europe, qui, sous le régime de l'échelle mobile, s'étaient accrues de 390 à 624 millions dans l'intervalle de 1833 à 1843, ces exportations se sont seulement élevées de 624 à 788 millions dans la période de 1843 à 1853, période pendant laquelle il y a huit années qui appartiennent à la législation nouvelle.

Au contraire, pour les autres parties du monde dont l'Angleterre a tiré seulement 163 millions de céréales en 1853, les exportations ont passé, dans la même période de 1843 à 1853, de 788 millions à 1684 millions.

Ainsi, la grande augmentation des exportations britanniques a eu lieu pour les parties du monde dont l'Angleterre ne tire que peu de céréales ; quant à l'Europe, qui lui en fournit la plus grande partie, l'augmentation des exportations a été peu considérable, et il y a même cela de curieux, que cette augmentation a été moindre pendant la dernière période qu'elle avait été pendant la période précédente, sous le régime de l'échelle mobile. Je ne veux pas dire que c'est parce qu'on a importé des céréales, qu'on a moins exporté de produits. Ce serait absurde. Mais ce rapprochement de chiffres prouve que l'accroissement des importations de céréales n'a pas déterminé un accroissement correspondant dans l'exportation des produits britanniques.

Un Membre. — Pour que la thèse de M. Burat fût bien établie, il faudrait indiquer quel changement est intervenu dans les relations de chacun des pays producteurs de blé avec l'Angleterre. Cela rendrait la chose plus convaincante.

M. Burat. — J'ai pris les grandes divisions, je n'ai pas là les détails ; mais les chiffres que j'ai indiqués sont concluants. Quand on attribuerait aux pays producteurs de céréales toute l'augmentation qui a eu lieu dans l'exportation des produits britanniques pour l'Europe entière, ce qui n'est certainenent pas exact, il n'en resterait pas moins ceci : c'est que les exportations britanniques pour les pays producteurs de céréales ont augmenté fort peu.

Un Membre. — Il faudrait établir nominativement le mouvement du commerce de ces pays-là.

M. Burat. — Ce que je viens de répondre en l'absence des tableaux de détail est, ce me semble, péremptoire ; j'ai en effet attribué aux pays producteurs de céréales toute l'augmentation qui a eu lieu pour l'Europe ; et certes l'augmentation a également porté sur d'autres pays ; rien que pour la France il y a eu une augmentation qui représente une bonne partie du chiffre total que j'ai donné.

Un Membre. — Est-ce que la France n'exporte pas de céréales ?

M. Burat. — Cette année, oui ; mais les années précédentes elle n'en a pas exporté.

En 1857, les exportations ont été de 300 000 hectolitres environ, tandis que les importations se sont élevées à 4 millions d'hectolitres.

Nous n'exportons en Angleterre que dans les temps de très-bonne récolte.

Un Membre. Une des personnes qui ont été entendues nous a présenté un exposé duquel il résulte que, depuis 1847, la France a fait, à diverses époques (non pas en 1854 et 1855), des exportations très-considérables de blé en Angleterre. Cette personne nous a même dit que la France était le pays qui avait exporté le plus de blé chez nos voisins.

M. Burat. — Mon raisonnement n'est pas infirmé ; car la grande augmentation des exportations britanniques pour la France a eu lieu précisément dans les quatre ou cinq dernières années ; cette augmentation a été énorme, et pendant ce temps nous n'avons pas fait d'exportation de céréales.

M. le Président. — L'administration des douanes donnera les chiffres.

Le renseignement donné par M. Burat est très-important ; nous l'apprécierons.

M. Burat. — Je crois que , sous le régime actuel, l'agriculture exporte tout ce qu'elle peut exporter quand nos récoltes sont bonnes.

On a dit que les étrangers avaient quelquefois songé à ne plus venir s'approvisionner chez nous, à cause des obstacles qu'un peu de hausse dans les prix pouvait mettre à leurs opérations en augmentant les tarifs de sortie.

Cet inconvénient n'est pas bien sérieux. C'est l'Angleterre qui achète nos céréales ; elle n'est séparée de nous que par quelques lieues de détroit ; le commerce a d'ailleurs le télégraphe électrique à sa disposition, et les moyens de communication sont assez rapides pour que l'exécution suive presque immédiatement l'ordre qui est donné. Je ne crois pas qu'on puisse dire sérieusement que l'échelle mobile ait entravé les opérations dans les moments où elles peuvent se faire, c'est-à-dire dans les temps de bonne récolte.

Un Membre. — Ne pensez-vous pas cependant que les facilités qui seraient données à l'exportation seraient très-avantageuses à la production, à l'agriculture ?

M. Burat. — Je le crois, mais il y a deux intérêts qu'il faut concilier, celui de la consommation et celui de la production.

Le système de l'échelle mobile, et c'est là son mérite, a précisément pour but de concilier ces deux intérêts.

(M. Burat; déposition devant le conseil d'État.)

MESURES ADOPTÉES EN ANGLETERRE AVANT DE CONSACRER
LE RÉGIME DE LA LIBERTÉ.

M. Buffet.

Voyez, d'ailleurs, messieurs, dans quelles conditions vous proposeriez aujourd'hui à l'agriculture la liberté complète d'importation.

Lorsque, en Angleterre, on a fait ce grand changement dans le régime douanier de ce pays, non-seulement l'agriculture était assurée qu'elle ne perdrait jamais la liberté d'exportation dont elle avait toujours joui, et qui, depuis longtemps, je le reconnais, n'avait plus pour elle aucun intérêt pratique, mais elle pouvait compter qu'aucune disposition restrictive ne gênerait jamais à l'intérieur le commerce des grains, ou leur emploi. Ceci n'était sans doute qu'une considération secondaire. Mais on disait aux cultivateurs : renoncez à être protégés ; les manufacturiers y renoncent aussi, ou, du moins, consentent à une énorme réduction des droits qui, pour la plupart, seront désormais purement fiscaux. Vous vendrez moins cher ce que vous produisez ; mais en revanche vous payerez moins cher ce que vous achetez.

Proposez-vous à l'agriculture française un pareil arrangement ? Évidemment vous ne le pouvez pas.

On faisait encore aux agriculteurs anglais d'autres avantages. On les exonérait d'une partie des charges de la taxe des pauvres ; on améliorait l'organisation du service des routes. En outre, notez bien ceci, pour leur faire accepter le marché bon ou mauvais qu'on leur offrait ou plutôt qu'on leur imposait, on avait l'appui énergique du parti manufacturier tout entier, qui, depuis plusieurs années, réclamait avec ardeur cette réforme, et qui pensait y trouver à la fois un accroissement de profits et d'influence.

Aujourd'hui rien de semblable ne se rencontre en France. Les manufacturiers sont aussi zélés, plus zélés même, et je n'en suis pas surpris, que les cultivateurs, pour la défense de la protection agricole. Vous êtes donc dans une situation toute différente de celle où se trouvait l'Angleterre.

Si la liberté complète est irréalisable, il faut bien en venir à la protection.

(M. Buffet, ancien ministre du commerce ; déposition
devant le conseil d'État.)

LE CAPITAL A ÉTÉ FONDÉ EN ANGLETERRE PAR DES MESURES
DE PROTECTION PLUS RADICALES QUE CELLES MISES EN PRA-
TIQUE CHEZ AUCUN AUTRE PEUPLE.

M. Boulingre.

En résumé, messieurs, l'agriculture française,
sauf nos départements du Nord, est loin d'avoir atteint
le degré de perfection de l'agriculture anglaise, et
chacun sait que, pour que l'agriculture produise à bon
marché, il faut que les terres soient en parfait état.
Mais, pour cela, il faut au cultivateur un capital suffisant, et ce n'est pas en le ruinant que vous lui pro-
curerez les moyens d'améliorer ses terres.

D'ailleurs, l'industrie agricole est comme l'industrie manufacturière. Quelle que soit la bonne volonté,
l'ardeur de l'exploitant, si le capital lui fait défaut,
il ne peut lutter avec son voisin. Que se passe-t-il
entre la France et l'Angleterre ? Qu'est-ce qui a obligé
jusqu'à présent, qui oblige encore le gouvernement

à protéger l'industrie manufacturière par des droits considérables ? Nous ne sommes ni moins entreprenants, ni moins intelligents que nos voisins les Anglais, mais un capital suffisant pour lutter, à armes égales avec eux, nous manque. Voilà ce qui nous oblige à protéger notre industrie manufacturière.

Eh bien ! ce que je dis pour celle-ci s'applique complétement à l'industrie agricole. Toutes choses étant égales, du reste, celui qui dispose d'un fort capital l'emportera toujours sur son voisin moins fortuné.

Maintenant, demanderait-on comment l'Angleterre s'est procuré ce capital ? Par la protection, par une protection plus radicale que toutes celles qui existent chez nous, jusqu'à ce que chacune de ses industries ait pris le dessus sur celles de ses voisins.

(M. Boulingre jeune, meunier à Meaux; déposition
devant le conseil d'État.)

L'AGRICULTURE FRANÇAISE N'EST PAS ASSEZ AVANCÉE POUR
SUPPORTER LE RÉGIME DE LIBERTÉ CONSACRÉ EN ANGLE-
TERRE. IL EST BON DE SE METTRE EN GARDE CONTRE LES
RÉCITS SOUVENT EXAGÉRÉS DU CHIFFRE DE PRODUCTION DE
CE DERNIER PAYS.

M. Moll.

Il est incontestable qu'on avait développé outre
mesure la culture du blé dans les années de cherté :
c'est là ce qui a amené ces récoltes considérables de
1857 et 1858; il y a maintenant réaction, et il serait
à craindre que cette réaction n'allât trop loin et ne
compromît, jusqu'à un certain point, l'alimentation
du pays. Quand le prix du blé tombe au-dessous des
prix de revient, on fait plus de colza, de navette, de
pavots, de lin, de chanvre; on fait aussi un peu plus
de fourrages; on tâche d'avoir un peu plus de bétail.
Sous ce rapport, le mal ne serait pas grand, car on
trouverait là une sorte de compensation de la culture
du blé, non-seulement au point de vue de la restau-

ration du sol, mais encore au point de vue de l'alimentation publique. Mais c'est surtout vers les plantes commerciales que l'on se porte, vers les plantes textiles, tinctoriales et oléagineuses, parce qu'elles se réalisent promptement et avantageusement. Or, ces plantes sont dangereuses autant pour le pays tout entier que pour la ferme isolée, parce qu'elles emploient beaucoup d'engrais et qu'elles ne fournissent point ou presque point d'éléments d'engrais. Elles usent la terre plus rapidement encore que les céréales. Je crois que la liberté commerciale établie en permanence nous forcerait à un changement radical fâcheux dans notre système général de culture.

Je sais bien qu'en Angleterre, il paraît se passer un fait étrange, en opposition avec ce que je dis là. Je dis *il paraît*, parce que j'avoue que je n'y crois pas encore. Ainsi on prétend que depuis l'établissement de la réforme la culture des céréales s'est étendue. J'ai parcouru l'Angleterre deux fois depuis cette époque, en 1851 et en 1857 : partout j'ai entendu dire le contraire ; je ne puis pas avancer que j'ai vu le contraire, attendu que je ne sais pas ce qu'on faisait auparavant, mais j'ai entendu dire le contraire, et cela se conçoit parfaitement. En Angleterre, le climat est peu favorable à la culture des céréales en général, du blé en particulier. Le climat, par suite de ses brouillards et de son humidité, amène une maladie qu'on appelle *la rouille*. Cette maladie existe également en France ; mais elle y est plus rare et infiniment moins dangereuse. En Angleterre, la rouille attaquant un blé abaisse souvent le produit des deux tiers, des trois quarts, et cela justement dans les terres les plus riches. Eh bien ! en Angleterre, malgré cela, sous l'empire des anciennes lois sur les céréales et conformément d'ailleurs au principe de Ricardo, on avait étendu la culture des céréales à des terres très-mauvaises au point de vue de la rouille ou d'autres inconvénients. Depuis on a rendu ces terres à leur véritable destination : on en a fait des herbages. Les fermiers, qui ont pris leur parti de la suppression des droits sur les céréales, et qui l'ont pris très-bravement une fois que la chose a été décidée, me disaient : « En définitive, nous y trouvons de l'avantage, en ce sens que nous faisons venir de l'étranger des grains inférieurs en très-grande quantité ; nous les donnons à nos bestiaux, et comme d'autre part nous avons augmenté l'étendue de nos herbages, nous sommes arrivés à un grand accroissement de production. »

Voilà ce qu'on me disait ; de sorte que je ne crois pas à l'extension de la culture des céréales en Angleterre, depuis la suppression des droits.

Ce à quoi je crois, c'est aux efforts inouïs et très-habiles des cultivateurs anglais, puissamment aidés par les grands propriétaires, pour parer aux coups qui les frappaient, efforts qui paraissent avoir été couronnés de succès. Seulement, je suis bien aise de

le dire ïci, dans cette assemblée, il ne faut pas
perdre de vue que l'agriculture anglaise doit être
considérée comme un homme, et que notre agriculture, il faut bien l'avouer, est encore un enfant. Ce
qui non-seulement n'a pas tué l'homme, mais au
contraire lui a donné une plus grande énergie, l'a
poussé à marcher plus vite dans la voie du perfec-
tionnement, pourrait écraser l'enfant, et je craindrais
que ce ne fût précisément le cas pour la question
du libre-échange appliqué à l'agriculture française.

. . . .

. . . .

Un Membre. — Pourriez-vous nous dire combien
les Anglais obtiennent d'hectolitres de blé par hectare dans une bonne culture ?

M. Moll. — Le produit en blé en Angleterre n'est
pas un bon indice pour juger de la richesse du sol,
même depuis le drainage ; à cause de l'humidité de
leur climat, les Anglais sont dans de mauvaises
conditions pour la production du blé. Ainsi que je
l'ai déjà dit, nous ne pouvons pas dépasser 50 hectolitres sans verser, mais les Anglais sont encore
au-dessous de cette limite.

Un Membre. — J'ai entendu dire qu'ils obtenaient
50 hectolitres à l'hectare, tandis qu'en France, dans
les départements du Nord, on n'obtenait que 30 hectolitres.

M. Moll. — Oui, dans le Nord on obtient souvent
30 hectolitres et même plus.

J'ai vu en Angleterre des blés que l'on m'indiquait comme très-beaux et comme devant rendre 50, 55 et 60 hectolitres. Mais j'ai eu des blés plus beaux que ces blés d'Angleterre et qui ne m'ont donné que 30 hectolitres. Ici je me permettrai une petite observation sur le caractère de nos voisins, comme donnée générale sur les renseignements qu'ils nous fournissent. Nous autres Français, nous sommes d'un abandon extrême vis-à-vis de l'étranger : nous lui montrons volontiers nos plaies à nu; nous les exagérons même. En Angleterre, c'est le contraire. Cet admirable sentiment patriotique qui accompagne l'Anglais partout le pousse non-seulement à dissimuler vis-à-vis de l'étranger les inconvénients de son pays, mais à exagérer ses avantages. S'il avoue que le sol ou le climat y sont moins bons qu'ailleurs, c'est pour en conclure que les agriculteurs anglais sont les premiers du monde, ce qui est parfaitement vrai. Ce trait caractéristique doit nous inspirer une certaine réserve à l'endroit des renseignements qui peuvent nous arriver d'outre-Manche.

Un Membre. — Mais enfin admettez-vous que le rendement des bonnes terres ait été en augmentant depuis cinquante ou soixante ans ?

M. Moll. — Oui, cela est positif. Mais je persiste à dire qu'en Angleterre, à richesse égale du sol, le produit en blé sera inférieur à ce qu'il sera en France, et que le point où ce produit s'arrête, et ne peut être dépassé que pour descendre très-rapidement par suite de la verse, est plus bas, en Angleterre qu'en France, c'est-à-dire que si nous pouvons arriver à 50 hectolitres, ce qui est certainement le maximum; les Anglais ne peuvent guère arriver qu'à 40, sauf dans les parties méridionales et orientales du pays et dans les terrains parfaitement sains et bien situés.

(M. Moll, professeur au Conservatoire des arts et métiers ;
déposition devant le conseil d'État.)

AUCUNE COMPARAISON N'EST POSSIBLE ENTRE LA FRANCE
ET L'ANGLETERRE.

M. Richelot.

Pour la réforme il s'est livré de nombreux combats, mais ces combats n'ont employé d'autres armes
que la plume et la parole, ils n'ont jamais troublé ni
ensanglanté la rue; de sorte qu'on vit rarement des
changements plus considérables plus régulièrement
opérés.

Ce n'est pas qu'elle n'ait eu ses entraînements.
Tel a été l'acte des sucres de 1846, sur lequel elle a
été obligée de revenir deux ans plus tard. Si elle eût
été plus calme dans la question des grains, peut-être,
suivant le vœu des économistes les plus libéraux,
lui eût-elle donné une solution moins radicale, et
elle eût ainsi épargné à l'intérêt agricole une crise
douloureuse.

On l'a accusée de haute imprudence dans cette

question capitale. Que deviendrait l'Angleterre, dit-
on, dans l'hypothèse d'une mauvaise récolte et de la
guerre avec la Russie et les États-Unis à la fois? A
quoi lui serviraient alors son opulence, son génie commercial et la domination des mers? Nul doute que la
situation d'un pays qui tire de l'étranger le quart des
subsistances n'est pas aussi complétement indépen-
dante que celle d'un pays qui se suffit. L'avenir dira
si la vie du peuple anglais, comme celle du peuple
romain, sous Tibère, doit être à la merci des flots et
des tempêtes. Mais on ne réfléchit pas assez que cette
situation n'a pas été créée par la libre importation
des grains, que c'est la libre importation des grains
qui est le résultat de cette situation, et qu'elle
ne la rendrait plus périlleuse qu'autant qu'elle tien-
drait à décourager l'agriculture. Or, nous voyons
d'immenses capitaux employés, sous la direction de
la science, à enrichir et à féconder le sol. L'émigration, de plus, en ralentissant le progrès de la population, est de nature à augmenter la sûreté du pays.

Je n'ai pas à rechercher si l'Angleterre conservera
à tout jamais sa suprématie manufacturière, commerciale et maritime; qui oserait prédire sa déca-
dence, lorsqu'elle ne paraît même pas parvenue à
son apogée? Mais on peut affirmer qu'elle a pris le
moyen le meilleur de rester grande ou de grandir
encore. La liberté la plus étendue est le régime naturel et vivifiant des industries majeures.

Ne croyez pas, cependant, qu'en livrant ses industries à une concurrence qui les tient en haleine, l'Angleterre les abandonne à elles-mêmes entièrement; elles sont toujours l'objet des soins vigilants de l'État. L'État stimule le drainage par des prêts énormes; il s'attache à doter la marine marchande d'un personnel instruit, puissamment secondé par l'esprit d'association qui fait surgir les deux palais magiques de Hyde-Park et de Sydenham; il crée une administration spéciale; il multiplie les écoles de dessin, pour aider l'industrie anglaise à acquérir ce qui lui a manqué jusqu'ici, l'élégance et le goût. Bien que la réforme anglaise ait mis en relief des vérités d'une portée générale, elle n'est pas moins un fait spécial au pays qui en a été le théâtre. En économie, pas plus qu'en politique, le même régime ne convient à tous les peuples. On peut introduire partout l'inoculation ou les chemins de fer; on ne peut appliquer partout la même constitution ni le même tarif.

Les hommes d'État de l'Angleterre ont, de très-bonne foi, sans doute, célébré les avantages de la concurrence illimitée; mais, à chaque application qu'ils en ont proposée, ils ont dit à leurs compatriotes : « N'ayez pas peur, vous êtes les plus forts, vous aurez la part du lion. » Or, au lieu de la part du lion, d'autres peuples peuvent craindre de n'obtenir, comme dans la fable, que celle de la génisse, de la chèvre, ou de la brebis. Il n'y a pas en tout pays pénurie de blé, ni lutte entre une aristocratie territoriale et une aristocratie manufacturière. Nulle part,

non plus, l'assiette de l'impôt n'est arriérée comme
elle l'était en Angleterre ; nulle part elle n'offrait les
mêmes injustices, ni les mêmes anomalies ; en France,
notamment, où la révolution avait fait table rase,
elle a été reconstituée, dans l'ensemble, d'après les
vrais principes. Enfin, ce qui est très-important pour
une nation, l'est beaucoup moins pour une autre. Il
s'est trouvé que les dégrèvements de douane étaient
en Angleterre le premier intérêt économique. La
principale affaire de l'Allemagne a été et est encore
la fusion de toutes ses parties ; celle de la France, où
l'unité commerciale existait, la création des institutions de secours, d'instruction et de prévoyance pour
les classes ouvrières.

Et plus loin :

« La ligue a eu le sort de ce qui brille et de ce
qui réussit ; elle a trouvé des imitateurs. Mais tous
les pays ne comportent pas l'agitation systématique à
la manière anglaise ; elle exige un tempérament froid
ou une longue habitude de la liberté. Ailleurs, appliquée à des questions brûlantes, on l'a vue, au bout
de six mois à peine, aboutir à une catastrophe. Es-
sayée par des hommes de talent en faveur du libre-
échange, elle a échoué presque dès le début. Dans
ce dernier cas, c'était comme une plante exotique
transplantée dans un sol rebelle. Quel rapport y avait-
il entre la législation aristocratique qui restreignait
l'importation du blé dans une contrée impuissante à
nourrir ses habitants, et une protection destinée à

seconder les progrès de l'industrie nationale? Là où il y avait des abus à détruire, des améliorations à opérer, on proscrivait, sous le nom de spoliation, l'usage d'un instrument éprouvé de prospérité publique; et tandis que la ligue anglaise, organe des manufacturiers, défendait contre les ducs de Richmond et de Buckingham les droits sacrés du travail, on faisait avec les mêmes mots, au nom de la théorie, une guerre aveugle au travail lui-même. »

(RICHELOT, *Histoire de la Réforme commerciale en Angleterre*.)

MÉLANGES, LIBERTÉ, DROIT FIXE, ÉCHELLE MOBILE.

M. Barral.

La question la plus importante est celle de savoir si le système de l'échelle mobile a eu pour effet d'entraver les opérations commerciales en tous temps.

En tous temps, c'est aller trop loin ; mais je crois que, dans un assez grand nombre de circonstances, la variation des droits a eu pour effet d'apporter des entraves au commerce, et qu'elle a amené dans l'agriculture des souffrances. Je citerai, par exemple, des faits tout récents : on s'attendait, lorsque la limite du temps de suspension de l'échelle était arrivée, à la voir rétablir ; on prévoyait une augmentation ; ce fait-là seul a fait importer rapidement une assez grande quantité de blé.

A cette époque, j'étais en relation directe avec un importateur de Marseille qui s'est hâté alors de faire des importations ; et lorsque le décret de prorogation,

au contraire, a suspendu l'échelle mobile, ses calculs
ont été déjoués ; la hausse qu'il attendait ne s'est pas
réalisée. C'est un grand malheur quand, sur la spéculation des céréales, il y a de ces ruines, de ces
pertes excessives, dont l'agriculture est la première
à souffrir. Je ne suis pas partisan des droits variables,
mais d'un droit fixe, et je ne crois pas que l'échelle
mobile ait rendu les services que beaucoup d'agriculteurs lui attribuent. Ces services n'ont pas été
rendus dans le passé, et je crois qu'aujourd'hui, si
on rétablissait l'échelle mobile, ce serait pour eux
une désillusion complète. Je sais bien, d'un autre
côté, que quoi qu'on fasse en ce moment, il ne faut
pas espérer un changement brusque dans la situation.
Je ne crois pas que le conseil d'État se fasse des illu-
sions ; à moins que des événements météorologiques
ne changent la récolte prochaine, il n'est pas probable que cette année il y ait des bénéfices pour les
cultivateurs. En France, quoi qu'on fasse, les souffrances de l'agriculture resteront momentanément les
mêmes. Pour présenter les faits sous leur véritable
jour, j'ajouterai que la situation restera mauvaise
cette année, que l'on donne l'échelle mobile, la liberté ou des droits fixes. Cependant, tout en désirant
la liberté, j'arrive à croire qu'il faut, pour calmer la
grande émotion qui s'est produite parmi les agriculteurs, pour rassurer les cultivateurs, pour donner
une satisfaction à leurs plaintes qui sont légitimes,
je crois, dis-je, qu'il faut un droit protecteur à l'en-

trée, et qu'il faut, au contraire, laisser l'exportation très-facile, c'est-à-dire avoir un droit fixe pour l'exportation comme pour l'importation; mais un droit très-faible pour l'exportation, 25 ou 50 centimes, et un droit pour l'importation de 1 franc 50 centimes, on pourrait aller à 2 francs, mais peut-être vaudrait-il mieux rester à 1 franc. Ce droit fixe doit-il avoir quelque effet? J'ai beaucoup réfléchi à la question, j'en suis très-préoccupé. Voici le raisonnement que je fais et que je donne sous toute réserve : Un droit de 1 franc 50 centimes, quand il frappe le blé à 15 francs, équivaut au dixième de la valeur ; quand le blé est à ce bas prix chez nous, il l'est aussi ailleurs ; il n'y a pas, en général, une différence aussi grande entre le marché français et le marché étranger; par conséquent, on n'importera pas de blés étrangers dans ces conditions-là, et l'agriculture aura une satisfaction. D'un autre côté, quand le blé montera et qu'il arrivera à 30 francs, le droit de 1 franc 50 centimes ne sera plus qu'une bien faible fraction du prix total, et alors n'empêchera pas l'importation ; par conséquent, l'intérêt du consommateur, qu'il faut prendre en très-grande considération, ne sera pas beaucoup lésé. Cependant, je dois dire que je crois que si nous revenons à de mauvaises récoltes, le gouvernement sera forcément conduit à enlever même un droit de 1 franc 50 centimes. Voilà ma préoccupation, et je crois que, dans des circonstances exceptionnelles, ce droit de 1 franc 50 centimes devra disparaître ; et, en refaisant une loi à laquelle on ne fait qu'un reproche, celui d'une mobilité excessive, il faudrait tenir compte de ces circonstances exceptionnelles.

Je crois que nous approchons d'une disette, et voici sur quoi se fondent mes appréhensions : c'est que cette année-ci les fourrages sont excessivement restreints ; il y a eu peu de paille en général, les tas de fumier diminuent beaucoup dans toutes les fermes. Pour cette année, les emblavures sont faites, mais dans deux ans nous aurons des terres mal fumées ; par conséquent, il faut se préoccuper de l'avenir qui me paraît triste, à moins qu'on ne trouve un engrais qui remplace le fumier, ce qui est difficile. En présence de cette situation, la loi à intervenir devra tenir compte des cas où le blé sera très-cher chez nous, et où il le sera ailleurs. Car ce sont des circonstances générales que je viens de décrire : partout le fumier doit manquer, la récolte dans un avenir peu éloigné sera généralement mauvaise ou au moins très-diminuée, à moins de circonstances météorologiques exceptionnelles.

C'est mon opinion que je donne sous toutes réserves, ne voulant pas la publier dans mon journal, parce que je ne dois pas parler des choses de cette nature. Je crois qu'il est de mon devoir de faire part de cette impression à la commission d'enquête.

Par tous les motifs que j'ai donnés, je conclus à un droit fixe.

M. LE PRÉSIDENT. — Voudriez-vous qu'on insérât dans la loi que le droit disparaîtrait lorsque le blé atteindrait un certain chiffre déterminé?

M. BARRAL. — Oui !

M. LE PRÉSIDENT. — Alors, c'est l'échelle mobile !

M. BARRAL. — Je ne crois pas que ce soit là seulement une modification de l'échelle mobile.

(M. BARRAL, rédacteur en chef du *Journal d'agriculture pratique;* déposition devant le conseil d'État.)

DROIT FIXE.

Documents importants sur la Russie, la Belgique, la Hollande et
l'Angleterre. — Danger de chercher à imiter les institutions de
peuples dont la position et les intérêts ne sont pas en rapport avec
ceux de la France.

M. Darblay aîné.

SOCIÉTÉ CENTRALE D'AGRICULTURE.

Séance du 23 mars 1859.

Je vais donc examiner (il s'agit ici du droit fixe)
les arguments dont on essaye de l'appuyer.

La France, nous dit-on, baignée par deux mers,
est admirablement située pour profiter dans ses ports
de la Méditerranée des arrivages de la mer Noire, de
l'Asie Mineure, de l'Égypte, etc., etc., et par ceux
de l'Océan, de la Manche et de la mer du Nord, du
marché anglais, maintenant toujours ouvert, dont la
Bretagne notamment n'est séparée que par deux
heures de navigation.

Je crois poser l'argument dans toute sa force.

Et d'abord je répondrai que la Bretagne, partie intégrante de l'Empire français, n'est séparée du reste de la France par aucun bras de mer, qu'elle est reliée à toutes ses parties ou va bientôt l'être, par des chemins de fer ou des canaux qui lui ouvrent tous les jours, à toute heure, le marché français; que, pour porter ses grains dans le midi de la France, s'il lui faut un peu plus de temps que pour les porter en Angleterre, elle le fait encore avec plus de sécurité, et que d'ailleurs dans notre France si bien pourvue de communications faciles qui chaque jour s'augmentent et se perfectionnent, les grains ne franchissent pas ainsi tout d'un trait les distances du nord ou de l'ouest au midi. C'est de proche en proche qu'ils sont attirés et dirigés, là où le besoin et les prix les appellent.

Que ce n'est que par réminiscence d'un temps déjà passé que l'on supposerait que les grains de la Bretagne doivent, pour aller à Port-Vendre, Cette ou Marseille, supporter une navigation longue et périlleuse, en longeant les côtes d'Espagne, passant le détroit, etc.

Comme c'en est une aussi de temps non éloignés, mais bien oubliés, de parler des transports à l'intérieur par rouliers; les quelques localités où cela existe encore étant sur le point d'être atteintes par les chemins de fer. Ce n'est donc pas sur ces usages d'un autre temps que nos lois doivent être basées, mais sur l'état présent des communications et son complément très-prochain.

Que les marchés anglais que l'on nous représente comme devant toujours être ouverts aux blés du monde entier, et il sera très-rare que les prix de l'Amérique, de la Baltique et de la mer du Nord, de la mer Noire et de la Méditerranée se rencontrent tous à être simultanément comme ils sont cette année, à des prix égaux et même supérieurs à ceux de la France, et ceux-ci à des prix tellement bas que nos blés puissent être livrés à l'Angleterre où les prix sont aussi fort réduits ; position très-exceptionnelle que j'ai déjà établie en présence de la société, et sur laquelle on est revenu dans notre dernière séance, comme si elle constituait un État permanent, et cependant notre collègue lui-même a avancé que l'Amérique n'avait pu faire aucun envoi en Europe en 1858 ; que la Russie ne récolte qu'une vingtaine de millions d'hectolitres de blé, etc., toutes énonciations qui tendent à justifier le peu d'introduction de blés étrangers en France en 1858, et la possibilité d'exporter de France en Angleterre, mais à des prix réduits au dessous du taux possible, pour une production permanente, et qui seraient ruineux pour notre agriculture, si tel devait être l'état de choses durable et constant, puisque le commerce dont les bénéfices sont très-minimes, ne peut payer aux cultivateurs que des prix de 13 à 14 francs l'hectolitre et encore avec des alternatives de cessation complète de toutes

expéditions par le rapprochement des prix d'Angleterre et de France; tels que la différence ne pouvait
pas couvrir les frais, état de choses qu'il a fallu subir
faute de mieux, mais peu désirable, s'il devait être
permanent.

Et cependant on insiste et on dit à nos départements maritimes : prenez garde, si vous laissez entraver l'entrée des grains de la mer Noire par Marseille,
ces grains iront en Angleterre et y feront concurrence
aux vôtres. — Singulier raisonnement. — Nous savons
bien tous que les blés de la mer Noire arrivent à Marseille à des frets beaucoup plus bas que ceux payés
pour les ports anglais; que la longueur de la navigation directe pour ces derniers, et le long séjour des
grains dans les navires les expose à des dangers d'a-
varies, d'échauffement, de détérioration beaucoup
plus grande que le voyage pour Marseille, que leur
concurrence sera d'autant plus pesante. Il est vrai
que ce sont les cultures du midi qui en seront plus
directement frappées, et ce serait pour éviter à la
Bretagne cette concurrence, atténuée par un accroissement notable de frais, de risques et de dangers que
nous y livrerions le midi et le centre de la France.
Ces départements du centre qui sont en voie de progrès, auxquels il en reste tant à faire, et qui vont
prendre une nouvelle vie, quand les moyens de dé-
ployer tant de richesses, de les faire sortir des entrailles et de la surface de la terre vont être mis à
l'unisson du reste de la France.

Et encore cette entrée par Marseille, elle serait, sauf des exceptions de plus en plus rares, continue et croissante, tandis que l'Angleterre sera bien rarement ouverte à nos blés de la Bretagne.

Croit-on donc que la Bretagne ne sache pas bien que si les blés étrangers viennent écraser les prix des cultures du midi, les produits du midi remonteront jusqu'à Lyon et la Bourgogne, que ceux du centre de la France qui ne peuvent manquer de s'accroître si sensiblement, devront se porter sur Paris et son rayon, et vienne l'état de choses le plus ordinaire, celui où l'Angleterre recevra les blés de la Russie, du Nord, de la Baltique, de la mer Noire, de la Méditerranée et de l'Amérique, où la Bretagne et le nord de la France écouleront-ils les leurs ?

Faire croire à nos provinces maritimes de l'ouest et du nord que le marché anglais va servir d'écoulement habituel à leurs blés, c'est un leurre; ils quitteraient la proie pour l'ombre, ou ils exporteraient aux prix ruineux d'aujourd'hui, ou si les prix devenaient élevés, et que les Anglais vinssent pour enlever nos blés, le gouvernement arrêterait l'exportation, et tous nous le demanderions.

Que l'on ne croie pas que c'est là un danger imaginaire ?

Si l'Angleterre voyait les prix du blé s'élever chez elle avant les nôtres, ou plus que les nôtres, elle ne manquerait pas avec les grands capitaux dont elle est pourvue, et sa marine si nombreuse, d'enlever spontanément de nos côtes ouest et nord, partie la plus granifère de la France, des quantités si considérables de blé, que l'approvisionnement général du pays se trouverait gravement compromis et altéré.

C'est en novembre, décembre et janvier que ces enlèvements pourraient avoir lieu, car c'est alors que les récoltes peuvent être appréciées en Angleterre ; c'est aussi à cette époque que les mers Blanche, Baltique et Noire sont fermées par les glaces, et que les grands lacs qui portent à New-York les blés des États de l'ouest de l'Amérique le sont également par les ports de la Méditerranée ?

La navigation de la mer Noire, nous venons de le dire, est interrompue dans les hivers pour un temps plus ou moins long, et ce ne pourrait être qu'aux mois d'avril et mai que se feraient les arrivages destinés à remplacer les enlèvements de novembre, décembre et janvier de nos ports toujours ouverts ; et pour ce qui est des blés des ports allemands et de la mer du Nord, ils iraient directement en Angleterre, ou il faudrait que nos prix, par suite des enlèvements faits chez nous, eussent dépassé ceux de l'Angleterre.

Et ne croyez pas, messieurs, que ce soient là des suppositions gratuites : en 1847-1848, année où la récolte du maïs était d'une extrême abondance dans nos départements pyrénéens jusqu'à ceux de la Haute-Garonne, abondance que le gouvernement dans ses calculs optimistes avait fait entrer en compensation du déficit sur les blés, pendant que les prix de ceux-ci haussaient d'une manière affligeante, ceux du maïs restaient bas et pouvaient sortir par Bayonne, et aussi par Bordeaux au droit de 0 fr. 13 centimes 3/4 par hectolitre.

L'Angleterre qui avait à ses flancs l'Irlande affamée et sans argent pour se procurer même la nourriture la plus grossière, l'Angleterre fit acheter pour la nourrir nos maïs, et déjà l'on commençait à charger dans le port de Bayonne des navires anglais, quand des avis des préfets éveillés par les rumeurs populaires et un commencement d'opposition, appelèrent l'attention du gouvernement sur ce fait, ce qui donna lieu à l'ordonnance du 28 janvier portant le droit de sortie du maïs au maximum de l'échelle jusqu'au 31 juillet, ordonnance renouvelée comme les autres déjà rappelées.

L'état social et agricole de cette Irlande a bien changé depuis, une prospérité et une aisance relatives y sont revenues. Si l'on voulait en arguer en faveur du libre-échange, je dirais par quelles mesures elles ont été achetées, quelles conséquences imprévues elles ont amenées, et Dieu merci, la France n'a pas besoin de ces remèdes; mais certes, aucun de nous, en aucun cas, ne voudrait les lui voir appliquer.

Vous le voyez, messieurs, toute face a son revers, et pour nous ce sont des avantages bien douteux pour nos provinces de l'ouest et du nord, et des dangers

bien réels et bien graves pour la France, dont nous
voudrions courir les chances hasardeuses sans nécessité aucune, puisque la balance de nos importations
et de nos exportations, sauf les quatre années sans
exemple depuis le commencement du siècle, de
1853 à 1856, ne nous donne depuis 1814 qu'un
déficit insignifiant de 600 à 800 mille quintaux métriques par année en moyenne.

De bonnes mesures et de nouveaux efforts de l'agriculture qui a si prodigieusement augmenté ses produits dans ces 40 dernières années, n'auront pas de
peine à couvrir ce déficit, si on ne vient pas trou-
bler imprudemment sa marche progressive, et nous
mettre, comme nous voyons un peuple bien intelli-
gent, bien fort et bien riche, dans la nécessité de livrer notre existence à l'incertitude des mers, de la
guerre, des rivalités.

A notre tour, nous attendrions la flotte de la mer
Noire avec la même anxiété qu'autrefois les Athé-
niens, celle de l'Égypte, et les Romains, celles de
Sicile et d'Afrique, quand le peuple sur le Forum
criait : « De l'huile et du pain. » L'imitation de l'étranger et surtout d'un État voisin, dont la position est
si différente de la nôtre, est véritablement le mal
français.

Nous sommes plus sages quand nous conseillons
les autres; car à l'Espagne arriérée qui trop souvent
regorge de grains dans quelques-unes de ses parties
quand la disette exerce dans d'autres ses fléaux, que

lui conseillons-nous? Est-ce le libre-échange? non. Nous lui disons : « Faites des routes et des chemins de fer; percez vos montagnes et vous répartirez les richesses de vos provinces suivant les produits et les besoins de chacune, et la fortune de votre sol que vous avez négligé quand vous tiriez l'or et l'argent de l'Amérique, renaîtra bien plus sûrement et sans la crainte de voir enlever la flotte qui vous apportait l'aliment de votre trésor qu'il ne faisait que traverser. » J'ai cité l'Espagne parce que ce pays, son climat, son étendue et sa situation sur les deux mers établissent des points de comparaison avec la France, dont les produits si divers offrent tant d'aliments au commerce intérieur, et nous qui possédons des moyens de communication si prompts et si faciles entre toutes les parties de notre pays, quelle serait donc cette renonciation aux avantages si clairs et aussi évidents de ce tout devenu un, uni et si fort de la France, que l'économie politique et si opportune et si sage de Turgot a formé. La Bretagne fixerait ses vues et ses espérances sur l'Angleterre dont les ports lui seraient ouverts pour y verser ses grains à des prix ruineux, et fermés soit par la concurrence des pays ordinairement exportateurs, ou des mesures commandées ou salutaires, quand les prix s'élèveraient, et cela au détriment ordinaire, constant, continu des cultures et des intérêts du midi, qui seraient écrasés par les blés de la mer Noire et de la Méditerranée. La Bretagne n'a pas et ne peut avoir ces pensées.

« Puisque vous approuvez si haut l'œuvre de Turgot enlevant les douanes et les barrières qui morcelaient les fraudes et les divisaient, et que vous énoncez vous-même que cette liberté de circulation des grains à l'intérieur a beaucoup contribué à vous épargner les famines qui autrefois ont désolé la France, pourquoi n'appliquez-vous pas le même principe à la libre entrée, libre sortie, libre circulation des blés étrangers, pour moi c'est tout un, le principe est le même, nous a dit notre confrère. »

Pour moi, je le confesse bien sincèrement, il n'en est pas ainsi : quand l'univers formera un tout compacte, dont toutes les parties seront soumises aux mêmes lois, porteront les mêmes charges, seront arrivées au même degré de civilisation, de fortune, de besoins, de jouissances, de liberté, de conditions de travail, j'accepterai cette fraternité universelle ; mais comme nous en sommes loin, comme nous avons des peuples naïfs à territoires immenses, à conditions de travail, entièrement différents des nôtres, à besoins beaucoup plus restreints, je ne pense pas qu'il soit temps de nous livrer sans défense à un jeu aussi dangereux. Et si malgré leur science et leur prévoyance, les amis du libre-échange venaient à reconnaître qu'ils se sont trompés et nous ont poussés dans une fausse route, le mal serait-il aussi facile à réparer qu'il l'aurait été à produire ? Tout le monde nous répondra : non ; et encore quel besoin, quelle nécessité nous poursuit donc ? La France en est-elle où en était l'Angleterre quand M. Peel lui a donné le rappel des *corn-laws* ? Nullement. Les récoltes de l'Angleterre étaient devenues si évidemment insuffisantes à nourrir ses populations, que nous voyons malgré sa récolte extraordinaire en abondance de 1857, suivie d'une bonne récolte aussi en 1858, les importations de grains étrangers croître d'année en année, tandis que chez nous jusqu'aux quatre années exceptionnelles de 1853 à 1856, la production avait presque balancé la consommation, et qu'il a suffi de l'abondante récolte de 1857, non-seulement pour faire cesser toute cherté, mais pour amener des prix bas, que la récolte presque ordinaire de 1858 a encore abaissés, comme nous le voyons aujourd'hui.

Il a encore été énoncé que le droit fixe était pratiqué en Hollande et en Belgique.

De ces deux États la Hollande n'a jamais eu la prétention d'être un pays granifère. Pays de commerce et de navigation, la Hollande est un marché ouvert à tous les pays. L'exiguité de son territoire bas et humide, son ciel brumeux ne lui permettent pas de varier ses produits : des pâturages, des animaux d'une grande beauté et des marchés à beurre et à fromage, comme nous avons des marchés à blés, voilà la Hollande agricole. Elle sait appliquer son industrie et cherche son intérêt là où son sol, son climat, sa situation lui indiquent qu'elle doit en retirer des résultats fructueux, sans s'occuper des moyens différents auxquels d'autres recourent, et elle a parfaitement raison.

Pour la Belgique, suivant en partie les traces de l'Angleterre, c'est à l'exploitation des mines et des manufactures qu'elle s'adonne particulièrement. Sa population urbaine est considérable relativement à celle des campagnes; son sol est fertile, sa culture bien faite surtout dans les parties qui touchent nos départements du Nord ; mais là aussi se trouvent des pâturages, des cultures industrielles de colza, de lin, de houblon; son peu d'étendue la place sous un même climat, une même température; conséquemment pas d'échanges possibles entre les diverses parties du royaume. Peut-on nous proposer en exemple ces deux pays ?

Nous nous sommes procuré les états de l'importation des blés et seigles en Hollande et en Belgique. Nous savons que les seigles, particulièrement en Hollande, sont pour la très-majeure partie destinés à la distillation.

Voici pour la Hollande les importations pour 1857 :

Blé. (Par mer............ 206 000 hect.)
(Par fleuves et par terre. 312 460) 518 460 hect.

Seigle. (Par mer............ 2 154 500 hect.)
(Par fleuves et par terre. 191 440) 2 345 940 hect.

(Les importations de 1858 ne sont pas connues; la statistique tenue par le ministère des finances n'ayant pas encore été publiée.)

En Belgique les statistiques sont connues plutôt

qu'en Hollande, et voici les chiffres que nous tenons d'Anvers le 18 de ce mois :

Entrées en 1857 : 1 312 913 quintaux de tous grains, dont :

Froment....................	656 491 quintaux.
Seigle.....................	55 345
Orge......................	509 636
Avoines...................	55 867
Farines...................	35 573
Égal.......	1 312 913 quintaux.

Entrées en 1858 : 1 570 681 quintaux, aussi de tous grains, dont :

Froment....................	710 785 quintaux.
Seigle.....................	148 741
Orge......................	455 474
Avoines...................	169 059
Farines...................	86 820
Égal.	1 570 681 quintaux.

POUR LES DEUX ROYAUMES :

Froment.

En Hollande, pour 1857.............	518 460 quintaux.
Id. pour 1858.............	518 460
En Belgique, pour 1857.............	651 491
Id. pour 1858.............	710 785
Pour les deux années 1857 et 1858.....	2 404 196 quintaux.
Soit par année..........	1 202 098

Notre collègue nous avait dit qu'il était entré 15 millions d'hectolitres en Belgique et en Hollande. Les chiffres que je donne sont certains, sauf 1858 en

Hollande, que je n'ai pas reçu, et pour laquelle année je reprends le chiffre de 1857.

Russie. — Notre collègue nous donnant le chiffre des *productions* de blé de divers États de l'Europe, a porté celle de Russie à une vingtaine de millions d'hectolitres. Nous serions bien heureux s'il pouvait nous procurer les documents sur lesquels il appuie cette énonciation. Nous avons fait des recherches, et ce que nous avons pu nous procurer de mieux, est un ouvrage estimé intitulé : *Études sur les forces productives de la Russie*, par M. L. de Teborky, conseiller privé et membre du conseil de l'empire de Russie, publié en 1854 et 1855.

Cet auteur se livre à des évaluations de récoltes dans chacun des gouvernements de l'empire; puis il fait l'évaluation totale et en porte le montant à 260 millions de tchetwerts (le tchetwert de 1 hectolitre 945, tout près de 2 hectolitres[1]) soit près de 520 millions environ d'hectolitres, en ne comprenant ni la Finlande, ni le royaume de Pologne, dont les douanes sont restées séparées de celles de la Russie jusqu'en 1851; mais il confond dans cette quantité, le froment, le seigle, l'orge, l'avoine, le sarrasin et même les légumes. Il en déduit les quantités nécessaires à l'ensemencement, la consommation intérieure, etc. De sorte qu'il est fort difficile

---

1. C'est le tchetwert de Riga qui semble avoir été pris pour base par l'auteur. Celui d'Odessa est de 2 hectolitres 10 litres.

d'arriver à des résultats de rigoureuse exactitude ; mais pourtant il met sur la voie en évaluant le froment et le seigle à 49 pour 100 de la masse, ci.   49

    Les autres grains à   46

    Les légumes à   5

                               100

    Les 49 centièmes de 520 millions donneraient en froment et seigle 255 millions.

    Déduisant suivant les évaluations de l'auteur : pour semence du quart au cinquième. .   58 millions suivant qu'il évalue le rendement général, c'est-à-dire du 4ᵉ au 5ᵉ pour 1.

    La nourriture de 55 millions d'habitants , en 1853, à 3 hectolitres, presque tout en seigle.   165 millions.

    Ensemble . . . . . 223 millions, ci 223 millions.

Il resterait. . . . . 32 millions d'hectolitres pour l'exportation, et certes l'évaluation des 3 hectolitres par tout individu, — hommes, — femmes, — enfants, — est plutôt forcée qu'atténuée.

Mais ce qui est très-précis, c'est, après avoir partagé la période de 1824 à 1853 en trois décades, le paragraphe dont il fait suivre ce tableau :

« On voit par ces chiffres que le froment est le seul grain dont l'exportation ait soutenu un mouvement fermement ascensionnel. Elle a augmenté dans la seconde période de plus de 30 pour 100, et dans la troisième période de 116 pour 100, et en comparant la dernière décade avec la première, il se trouve que l'exportation du froment a augmenté de 23 347 972 tchetwerts (46 millions d'hectolitres) ou de 182 pour 100, c'est-à-dire qu'elle a presque triplé. »

L'exportation de la farine représentait, pendant les trois périodes décennales, les valeurs suivantes[1] :

Pendant les années 1824-1833,	2 195 700	roubles.
— 1834-1843,	3 129 700	—
— 1844-1853,	12 835 000	—
Total.	18 170 400	roubles.

(72 millions 1/2 de francs.)

« De sorte que la valeur de l'exportation de la farine a presque sextuplé.

« Ce progrès est très-marquant, en ce qu'il prouve que notre commerce de grains commence à s'approprier les avantages et les bénéfices de la conversion des grains en farine ; ce qui est surtout important dans les époques de disette sur les marchés étrangers,

---

1. Nos états de douane ne donnent les quantités de farines exportées, comme nous l'avons déjà fait observer, qu'à partir de l'année 1847.

où il s'agit de pourvoir avec célérité aux besoins imminents de la consommation.

« En 1847, la valeur de l'exportation de la farine s'est élevée à 5 863 000 roubles d'argent. »

Nous ne pouvons trouver les années 1854 et suivantes, où les blés, jusqu'à 1857-1858, sont restés à des prix très-élevés en France et en Angleterre. Nul doute que les besoins de ces deux grands pays consommateurs n'aient donné un élan nouveau et considérable à la production en Russie, qui paraît toutefois avoir été contrariée par les saisons dans les deux dernières années ; mais on peut bien apprécier quel serait l'effet de l'ouverture permanente du marché français en concurrence avec le marché anglais. Notre auteur considère les forces productives de la Russie comme indéfinies, et nous sommes complétement de son avis, quand nous envisageons les conditions actuelles de sa production, ayant pour instruments des serfs plus que désintéressés à l'accroissement des produits ; pour directeurs, de grands seigneurs souvent absents de leurs incommensurables domaines ; des parties de l'empire sans moyens de tirer partie des grains, ce qui ressort de la vilité des prix, mis en regard de ceux des gouvernements qui se rapprochent de la mer, soit au nord, soit au sud, des cultures faites sans aucun soin, sans aucune intelligence, et avec cela des parties d'une fertilité pour ainsi dire inépuisable dans l'extrême Orient européen.

Messieurs, cet état de choses est en voie de transformation. Déjà les voies de communication se sont améliorées ; les navigations de fleuves presque maritimes, qui couvrent la Russie, et que sillonnent des bateaux à vapeur, a été l'objet des soins du gouvernement ; de nombreux canaux ont été ouverts ; le traînage l'hiver et les chemins de fer qui sont en voie de construction, vont relier les diverses parties de cet immense empire, réveiller des populations endormies, dont la liberté va décupler les forces. C'est à l'Occident à ne rien négliger pour contre-balancer le poids que fera peser sur lui l'Orient longtemps endormi.

Messieurs, voici le résumé de tableaux présentant, ainsi que je l'ai annoncé, ces différences si exorbitantes des prix des substances alimentaires entre les différents gouvernements de la Russie, et suivant les résultats des récoltes.

Je vous en offre aussi entre les prix de diverses années, et vous reconnaîtrez que ces prix trop hauts et ces prix trop bas, que l'on met sur le compte de la loi de 1832, se présentent partout, même dans les pays qui peuvent produire au delà de leurs besoins.

La Russie elle-même les éprouve ; et nous nous rappelons une époque déjà éloignée où elle dut importer des seigles pour ses provinces du nord ! Telle est la force de l'influence des saisons, bien supérieure à tous les efforts des cultivateurs et des législateurs.

Voici les tableaux que nous extrayons de l'ouvrage de M. Teborky :

« Quoi qu'il en soit, ce tableau, même avec ses

lacunes, peut jeter quelque lumière sur la question dont il s'agit[1].

« On voit d'abord que les prix ont varié selon les gouvernements et les résultats des récoltes.

« Pour le *seigle*, de 98 kopecks à 11 roubles 7 kopecks le tchetwert (de 4 fr. à 45 fr. les 2 hectolitres).

« Pour le *froment*, de 2 roubles 19 kopecks à 13 roubles (de 8 fr. 80 centimes à 52 fr. les 2 hectolitres).

« Pour le *gruau*, de 1 rouble 60 kopecks à 12 roubles 60 kopecks (de 6 fr. 40 c. à 50 fr. 50 c.).

« Pour l'*avoine*, de 79 kopecks à 5 roubles 70 kopecks (de 3 fr. 20 centimes à 22 fr. 80 centimes, toujours les 2 hectolitres).

« Ainsi la différence des prix était pour le seigle comme 1 est à 11, pour le froment comme 1 est à 6, pour le gruau comme 1 est à 8, et pour l'avoine comme 1 est à 7.

« Des variations aussi extraordinaires n'ont lieu dans aucun autre pays, et il est à remarquer que la plus grande différence des prix porte sur les seigles, dont la culture est plus répandue en Russie que celle de tous les autres grains, et qui constitue la principale nourriture du peuple, ce qui fait que la baisse de cet article est très-ruineuse pour le producteur,

---

1. Nous prions le lecteur de ne pas perdre de vue, en examinant ce tableau, que la moyenne des prix qui y est indiquée pour chaque espèce de grains, n'est pas tirée de la comparaison des prix les plus élevés et les plus bas, mais de la supputation de tous les prix du marché pendant l'espace de quatre ans.

tandis qu'une hausse excessive des prix est une calamité pour le plus grand nombre des consommateurs. »

Voilà les variations de prix dans la production de la Russie. On voit à quels prix les grains sont produits dans certaines provinces, et quel sera leur effet quand les voies de communications, dont le gouvernement s'occupe avec tant de sollicitude, permettront de faire arriver les grains aux points d'embarquement.

Prix maximum et minimum du froment et du seigle

DE 1846 A 1849.

ANNÉES.	DÉNOMINATION des gouvernements.	MAXIMUM du prix par tchetwert[1], roubles, kop.		DÉNOMINATION des gouvernements.	MAXIMUM du prix par tchetwert, roubles, kop.	
		FROMENT.				
1846	Kilna et Grodno.	11	12	Saratow.........	2	18
1847	Courlande......	13	82	Orenbourg......	2	20
1848	*Ibidem*........	10	42	*Ibidem*........	2	40
1849	Wilna..........	11	»	*Ibidem*........	3	»
	Moyenne...	11	59	Moyenne..	2	44 ½
		SEIGLE.				
1846	Livonie.........	7	54	Orenbourg......	1	29
1847	Courlande......	11	07	*Ibidem*........	1	16
1848	Livonie........	6	90	*Ibidem*........	1	07
1849	St-Pétersbourg..	6	49	Kourk et Penza..	1	80
	Moyenne...	8	»	Moyenne...	1	44

1. Le tchetwert, 1 hect. 945 ; le rouble d'argent, 4 francs : le kopeck, 100 pour un rouble, ou 4 centièmes de kopeck.

Je crois aussi pouvoir vous montrer que la libre Angleterre n'échappe pas à cette loi générale, et les sept dernières années en font foi ; voici les prix :

1853.	Janvier..............	39 schell. le quarter.
	Mai.................	39 id. id.
	Juillet..............	
	Août...............	53 id. id.
	Septembre..........	
1854.	Moyenne.	72 id. 5 d.
1855.	Id.	74 id. 8 d.
1856.	Id.	69 id. 2 d.
1857.	Id.	56 id. 8 d.
1858.	Id.	50 à 42 schell.
1859, premiers mois.	Id.	44 à 40 id.

Des plus hauts aux plus bas, c'est-à-dire de 39 schellings en 1853, et 40 au retour de la baisse en 1859 à 72 schell. 5 d., et 74. 8. en 1854 et 1855, il y a la différence de près du simple au double, et traduisant le quarter en 2 hect. 90 litres, et le schelling en 1 fr. 25 c., nous trouvons que l'hectolitre est passé de 17 fr. en 1853 ; monté en 1855 à .... 32 fr. ; et revenu en mars 1859 à . . . 18 fr.

Nous avons fait tous nos efforts pour nous procurer et vous apporter des chiffres vrais, certains et officiels toutes les fois que nous l'avons pu, des renseignements les plus récents, car le temps marche vite, et notamment à notre époque où de si grands changements s'opèrent avec tant de rapidité ; aussi avons-nous été dans le cas de nous éclairer par de nouveaux documents sur l'état actuel de l'agriculture en Angleterre, Écosse et Irlande.

Ce n'est pas du premier coup d'œil que l'on peut bien définir les effets produits sur l'agriculture anglaise par le rappel des *corn-laws*, et encore après l'examen reste-t-il beaucoup d'incertitude.

Le premier effet a été la stupeur. Les fermiers ou demandaient une notable diminution des prix des baux ou offraient de les rendre et de laisser les fermes aux propriétaires ; mais le gouvernement ayant à sa tête M. Peel, grand ministre qui avait vivement combattu la mesure en 1842, et quitté le ministère, ne voulant pas s'en rendre responsable ; puis après l'impuissance démontrée de lord John Russell à en former un qui consentît à l'appuyer, M. Peel ayant bien médité sur les nécessités de son pays dont la population manufacturière et industrielle s'était si considérablement accrue dans les derniers temps ; sur l'impuissance du sol anglais comme de la population agricole de l'Angleterre à pourvoir aux besoins toujours croissants de substances alimentaires ; à la nécessité pressante de sacrifier l'une ou l'autre industrie, et se disant bien que l'Angleterre ne voudrait et ne pourrait à aucun prix laisser affaiblir sa suprématie maritime et commerciale, fit violence aux sentiments de toute sa vie, rejeta sa bonne et grande réputation de grand homme d'État conservateur, et cédant à la nécessité, tout en en prévoyant les conséquences, sacrifia les intérêts agricoles ; mais

en homme plein d'habileté, de sens et de résolution,
il atténua le coup par tous les moyens que l'état du
pays lui offrait.

Ainsi on changea la loi des pauvres et l'on soulagea les fermiers, en même temps d'une charge
pécuniaire et aussi de celle qui résultait de recevoir
dans les fermes les ouvriers sans travail des manufactures dans les temps de crise et de chômage, et
des fainéants qui en tout temps venaient demander
refuge à la commune, et qui tombaient à la charge
des fermiers. A une dîme qui était prélevée sur le
produit brut des terres fut substitué un payement
en argent.

Un fonds considérable fut voté et mis à la disposition des fermiers pour le drainage qui fut pratiqué
en grand et avec succès, notamment sur les terrains
bas et marécageux qui furent conquis à l'agriculture.

D'autres fonds pour prêts à intérêts modérés
furent encore mis à la disposition de l'agriculture
pour augmenter son capital roulant, qui s'est trouvé
généralement porté de 500 fr. à 1000 fr. par hectare.

Au moyen de ce capital, les fermiers purent
acheter partout des engrais pour ajouter à ceux de la
ferme, les os qui ont été recherchés dans toute l'Allemagne et ont été chargés à Hambourg en si prodi-
gieuse quantité pendant plusieurs années; les phos-
phates qu'ils ont découverts chez eux; mais bien au-
dessus encore le guano qu'ils ont introduit et intro-
duisent annuellement en si grandes quantités.

Cette matière fertilisante est mise à leur disposition à bien meilleur marché que nous ne l'obtenons en France.

L'Angleterre est créancière du Pérou et un traité passé entre les deux gouvernements stipule que le Pérou payera l'intérêt de sa dette au moyen de ses livraisons de guano.

Les états constatent que l'Angleterre lève pour sa part aux îles Chincha huit fois, au moins, ce que la France en reçoit avec un territoire double en étendue. Les baux en Angleterre sont plus longs qu'en France; 15 ans est la moyenne; il n'est pas rare qu'il s'en fasse de 21 ans, surtout pour des fermes importantes. Il y a aussi des fermes tenues à l'année et sans baux, et cependant les familles y restent de père en fils pendant des temps extrêmement longs.

Au reste, il n'est pas facile de bien connaître les prix des baux en Angleterre. Les rapports des tenanciers avec le *landlord* sont bien différents de ceux des fermiers à propriétaire en France. Les immenses fortunes des grands seigneurs anglais qui possèdent la majeure partie des terres, l'influence qu'ils désirent conserver sur leurs tenanciers, les rend faciles et généreux, et des remises sont faites bien fréquemment sur les fermages. Leurs générosités leur sont payées en reconnaissance et influence.

Enfin, depuis le milieu de 1853 jusque vers la fin de 1857, les prix des blés et de la viande ont été

élevés ; cette circonstance survenue après les améliorations opérées sur les terres , ainsi que je l'ai exposé , a mis une grande aisance dans la culture
anglaise. Comment s'arrangera-t-elle des bas prix
actuels ?

Il n'en est pas moins vrai que les terres hautes et
peu productives ont dû être mises en pâturages , ce
qui tend naturellement, avec toutes les améliorations
que j'ai déjà indiquées , à élever le produit moyen
des terres restées affectées à la culture du blé, et aussi
à diminuer la population agricole ; ce peut être un
système anglais, je ne pense pas que ce doive être
un système français. Nous allons le trouver bien plus
frappant encore en Irlande.

Ici la question se complique encore davantage. En
1847, la misère était arrivée dans ce pays à son point
culminant : la population n'était plus ni logée , ni
habillée , ni nourrie. Il fallait que l'Angleterre prît
un parti.

Des sommes considérables, 200 millions, je crois,
furent votées pour nourrir l'Irlande , et comment ?
nous ne le répéterons pas. Un million d'habitants
périrent de faim et de misère !

A cette époque la terre était divisée à tel point par
les fermiers et sous-fermiers des grandes terres, que
beaucoup de familles étaient réduites à la culture d'un
acre répondant à notre arpent de 42 ares de terre,
pour subvenir à leurs besoins.

La pomme de terre était devenue la seul culture

possible, et comment se faisait-elle ? par des gens qui ne pouvaient entretenir de bestiaux ni acheter des engrais.

La plupart des propriétés étaient grevées d'hypothèques, et les propriétaires ne pouvaient dégager, ni améliorer, ni même entretenir leurs biens.

Il fallut qu'un bill ordonnât la vente de tous les biens grevés. Il fut exécuté et s'exécute encore.

Les biens passèrent en mains de gens riches, presque tous des industriels, dont les fortunes ont été si rapides et si grandes dans les 20 dernières années qui supprimèrent toutes les petites locations, agglomérèrent les terres, reformèrent des fermes.

L'émigration soulagea le pays de toute cette malheureuse population, expulsée de ces petits fermages, enfin 2 200 000 sont morts ou ont quitté leur patrie.

Les nouveaux fermiers ont apporté dans la culture de ces terres de grands changements.

Celle des pommes de terre a été considérablement réduite.

Dans beaucoup de parties de l'Irlande, le blé mûrit difficilement ; l'avoine seule y donne des récoltes satisfaisantes et sûres.

Les terres a blé si fautives ont été transformées en prairies. L'industrie de l'élève et de l'engraissement du bétail s'est répandue et a ramené l'aisance.

Dans les premières années, la récolte des céréales se trouva réduite des deux tiers en Irlande ; elle l'est encore de moitié, et c'est l'avoine qui entre pour la plus grande part. C'est donc cette céréale et la prairie qui forment aujourd'hui le fond de la culture irlandaise, et l'Irlande, au lieu de pommes de terre, consomme du pain provenant de blés importés.

De quel prix ce changement a-t-il été payé? Un million d'habitants sont morts de faim et de misère en 1846 et 1847.

Onze à douze cent mille ont abandonné leur terre natale; cette dépopulation a élargi le cercle des cultures et donne un certain degré d'aisance au pays; mais combien il est difficile de prévoir tous les effets de semblables mesures! La population fourmillante et misérable de l'Irlande était une pépinière toujours prête à fournir au recrutement des armées de terre et de mer de l'Angleterre; aujourd'hui plus clairsemée et plus aisée, le recrutement n'y trouve plus son aliment, et s'il y était réglé par un bill, on pense qu'il donnerait une nouvelle impulsion à l'émigration.

Laissons à l'Angleterre son état social; il n'est pas le nôtre, j'oserais dire : Dieu merci! Qui pourrait penser en France à des mesures comme celles que je viens de rapporter pour l'Irlande? L'Angleterre avec sa fortune cède à des nécessités dont nous sommes exempts; ne l'imitons pas afin de ne pas les faire naître; elles seraient pires encore chez nous; car nous ne sommes ni aussi riches qu'eux, ni les maîtres des mers.

PROJET DE LOI

ARRÊTÉ AU CONSEIL D'ÉTAT

PROJET DE LOI

SUR LES CÉRÉALES[1].

Article premier.

Les départements frontières de la France sont divisés en deux classes pour la perception des droits de douane, tant à l'entrée qu'à la sortie, sur le blé-froment et sa farine.

La 1re classe comprend les départements des Pyrénées-Orientales, de l'Aude, de l'Hérault, du Gard, des Bouches-du-Rhône, du Var et de la Corse, ainsi que l'Algérie.

La 2e classe comprend tous les autres départements frontières de l'Empire.

---

1. N°s 1003 et 1035. — Distribution du 23 avril 1859. — Conseil d'État. Sections réunies des travaux publics, de l'agriculture et du commerce, et des finances. N° 38 640. — M. Cornudet, conseiller d'État, rapporteur.

Art. 2.

Les droits à l'importation sur le blé-froment sont établis de la manière suivante :

Il est perçu un droit de 33 centimes par quintal métrique (25 *centimes par hectolitre*) :

Dans la 1re classe, tant que le prix du blé-froment n'est pas inférieur à 29 francs 33 centimes le quintal métrique (22 *francs l'hectolitre*);

Dans la 2e classe, tant que le prix n'est pas inférieur à 25 francs 33 centimes (19 *francs l'hectolitre*).

Lorsque le prix est inférieur au taux indiqué par les paragraphes qui précèdent, il est perçu une surtaxe de 1 franc, et cette surtaxe s'augmente de 1 franc par chaque franc de baisse dans le prix.

Art. 3.

La farine de blé-froment est assujettie, à l'importation, aux droits ci-dessus fixés pour le blé, augmentés de moitié.

Art. 4.

La surtaxe sur les importations par navires étrangers est fixée, tant pour le blé-froment que pour la farine, à 1 franc 66 centimes par quintal métrique (1 *franc 25 centimes par hectolitre de froment*).

Cette surtaxe cesse d'être perçue :

Dans la 1ʳᵉ classe, lorsque le prix du blé-froment est supérieur à 32 francs (*24 francs l'hectolitre*) ;

Dans la 2ᵉ classe, lorsque le prix est supérieur à 28 francs (*21 francs l'hectolitre*).

ART. 5.

Les droits à l'exportation sur le blé-froment sont établis de la manière suivante :

Il est perçu un droit de 33 centimes par quintal métrique (*25 centimes par hectolitre*) :

Dans la 1ʳᵉ classe, tant que le prix moyen du blé-froment n'est pas supérieur à 34 francs 67 centimes (*26 francs l'hectolitre*) ;

Dans la 2ᵉ classe, tant que le prix moyen n'est pas supérieur à 30 francs 67 centimes (*23 francs l'hecto-litre*).

Lorsque le prix a dépassé le taux indiqué par les paragraphes qui précèdent, .le droit est porté à 2 francs et s'augmente de 2 francs par chaque franc de hausse dans le prix moyen.

ART. 6.

La farine de blé-froment est assujettie, à l'exportation, aux droits ci-dessus fixés pour le blé, augmentés de moitié.

Art. 7.

Le prix moyen du blé-froment qui doit servir de base à la perception des droits est établi tous les mois pour chaque classe.

Art. 8.

Les droits, à l'importation et à l'exportation, des grains d'espèce inférieure, tels que le seigle, le maïs, l'orge, le sarrasin et l'avoine, et de leurs farines, sont fixés, par quintal métrique, à 25 centimes pour les grains et à 50 centimes pour les farines.

Art. 9.

Tout bâtiment dont le chargement en blé-froment ou en farine aura été effectué intégralement sous un régime de droits inférieurs à ceux existant au moment de l'arrivée du navire en France, ne sera assujetti qu'aux droits en vigueur à l'époque du chargement.

Art. 10.

La faculté de recevoir les grains étrangers en entrepôt fictif est maintenue.

La réexportation des grains entreposés ne pourra,

dans aucun cas, être gênée ni interdite sous quelque prétexte que ce soit.

Art. 11.

Un décret rendu dans la forme des règlements d'administration publique désignera, pour chaque classe, les marchés dont les mercuriales serviront à établir le prix moyen du blé-froment.

Il déterminera :

1° Les règles qui seront suivies pour établir le prix moyen d'après les mercuriales des marchés régulateurs ;

2° Le mode suivant lequel seront fournies les justifications à produire par ceux qui réclameront le bénéfice de l'article 9.

Art. 12.

Les lois des 15 avril 1832 et 26 avril 1833, ainsi que les dispositions encore en vigueur des lois des 16 juillet 1819, 4 juillet 1821 et 20 octobre 1830 sont abrogées.

TABLE DES MATIÈRES.

Paris. — Imprimerie de Ch. Lahure et Cie, rue de Fleurus, 9.